POUR COMPRENDRE LES MATHÉMATIQUES

CE1
Cycle 2

NOUVEAUX PROGRAMMES 2016

N. Bramand
Professeur des écoles

P. Bramand
Professeur agrégé

É. Lafont
Professeur des écoles

C. Maurin
Formateur en mathématiques

D. Peynichou
Maître formateur

A. Vargas
Directeur d'école

hachette
ÉDUCATION

Mode d'emploi

Numérotation des leçons

Les leçons sont numérotées en liaison avec les pages du fichier : en chiffres dans la partie supérieure et en lettres (écriture cursive) en pied de page.

Photofiche(s)

Référence aux fiches photocopiables de soutien (S), d'approfondissement (A) ou de problèmes (P) contenues dans le recueil de « Photofiches ». Elles proposent des activités supplémentaires et aident à gérer la différenciation.

Cases réponses du calcul mental

L'élève écrit ici les réponses à cinq items de calcul mental fournis dans le guide pédagogique.

Découvrons ensemble

Cette activité collective est le point de départ de la leçon. Elle permet la découverte des notions à étudier. Le guide pédagogique propose des activités préliminaires qui aboutissent à la mise en œuvre de cette activité.

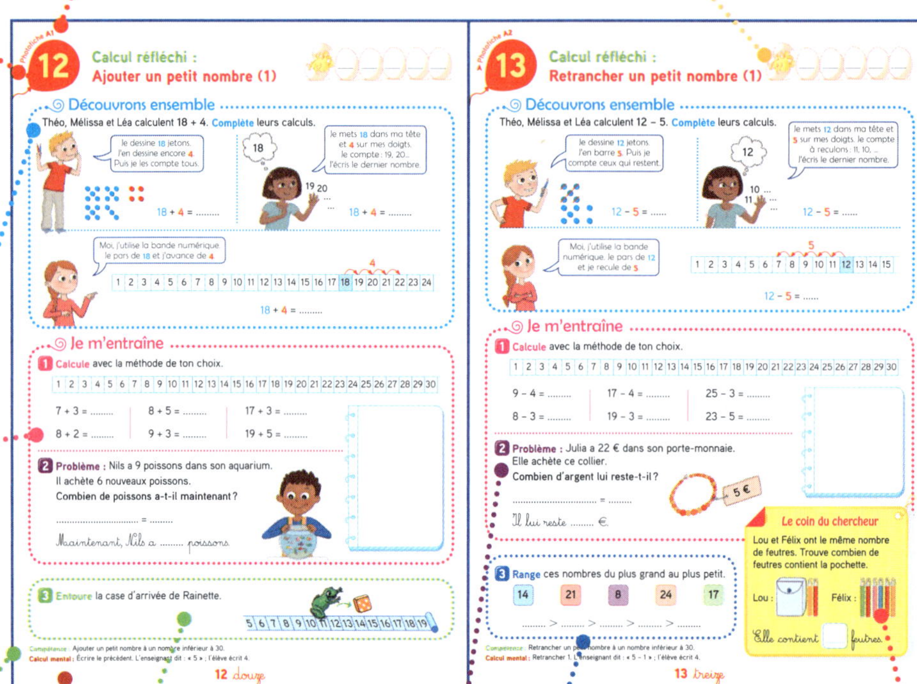

Je m'entraîne

Mise en pratique individuelle et progressive des apprentissages abordés dans l'activité de découverte.

2 Un exercice plus difficile est signalé par une pastille violette.

Exercice de calcul réfléchi

Exercice indépendant de la leçon permettant de développer une technique de calcul réfléchi.

Exercice de réinvestissement

Exercice indépendant de la leçon permettant de consolider des acquis.

Compétence(s)

Information destinée à l'enseignant : compétence(s) des programmes traitée(s) dans la leçon.

Calcul mental

Consigne destinée à l'enseignant pour la conduite du calcul mental. Des batteries complètes d'items sont données dans le guide pédagogique.

Problème

Problème à résoudre portant sur la notion étudiée dans la leçon.

Le coin du chercheur

Exercice ludique faisant appel au raisonnement ou à l'observation pour apprendre à chercher.

Problèmes

Les élèves mettent en œuvre les acquis de la demi-période en résolvant des problèmes. Ceux-ci leur permettent de raisonner, d'argumenter, de pratiquer une démarche de résolution et d'exprimer un résultat, une solution par une phrase correcte.

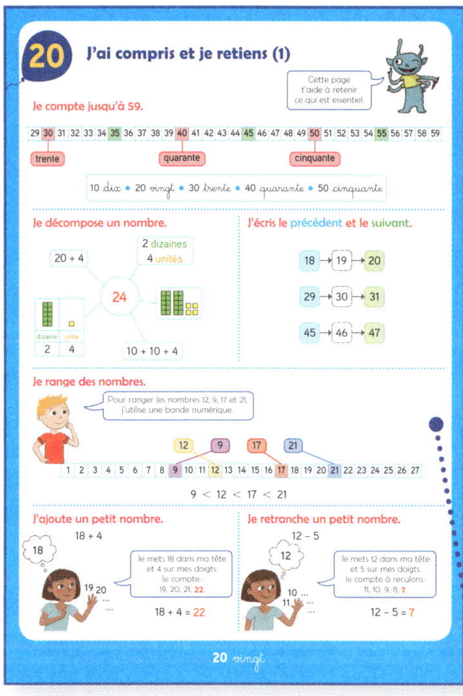

J'ai compris et je retiens

Cette page récapitule, sous forme décontextualisée, l'essentiel à retenir des leçons de la période. Elle servira de « cahier-outil » lors de situations de réinvestissement ou de remédiation.

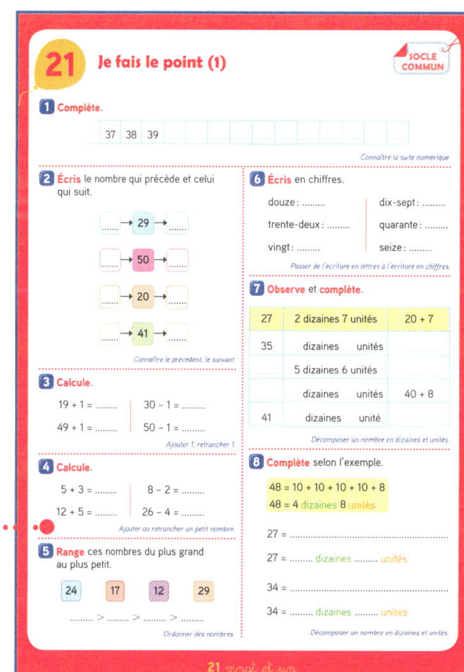

Je fais le point

Les élèves évaluent leurs acquis toutes les trois semaines environ.

Maths Aventures

La résolution de ces situations à thème nécessite la mobilisation des connaissances acquises durant la période. L'aboutissement de l'activité avec le coloriage d'une médaille renforce son aspect ludique.

Pages Matériel

Elles contiennent du matériel à découper (monnaie, horloge, règles, gabarits d'angle, dizaines et unités...) pour faciliter la mise en œuvre des leçons (phase de manipulation).

Sommaire

Période 4

Période 5

8 planches de matériel prédécoupé
(horloge, règles, gabarits, figures géométriques...)

Sommaire par domaines mathématiques

Nombres et calculs

Espace et géométrie

Grandeurs et mesures

8 Bienvenue au CE1

1 Combien va payer cette famille ?

.... = ...

Cette famille va payer .... €.

2 **Entoure** la couleur cachée par Théo.

🔴 🟡 🔵 🟢

3 **Entoure** la bonne réponse.

Il y a *plus* *moins* de koalas que d'oiseaux.

4 **Colorie** les carrés en rouge, les rectangles en bleu et les ronds en vert.

9

5 Complète les numéros des wagons.

6 Entoure l'ourson à **gauche** du buisson.

7 Reproduis la cabane des autruches.

8 Colorie selon le code.

- six
- sept
- huit
- neuf
- dix
- onze

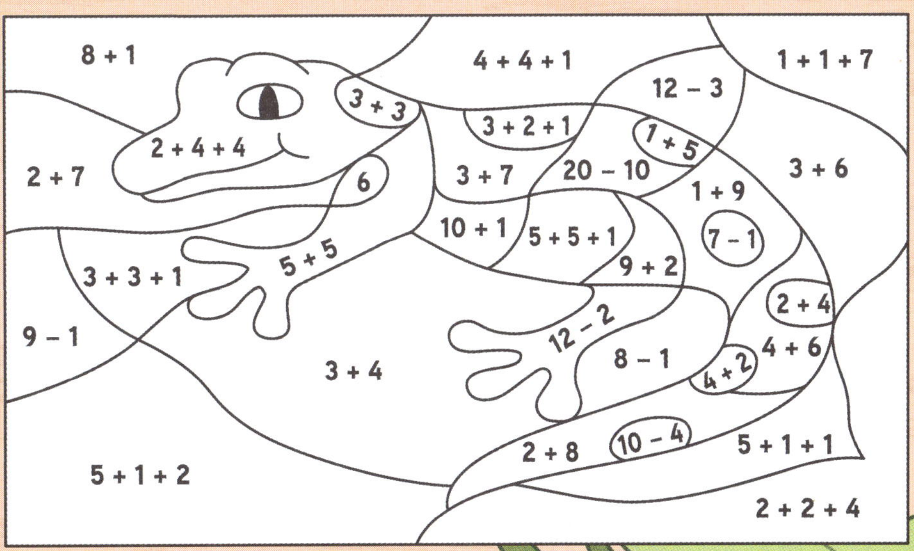

Photofiche S1

10 Lire, écrire les nombres jusqu'à 29

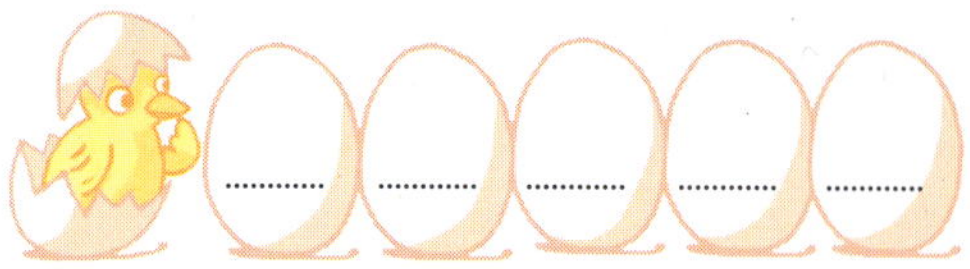

Découvrons ensemble

Complète les cases.

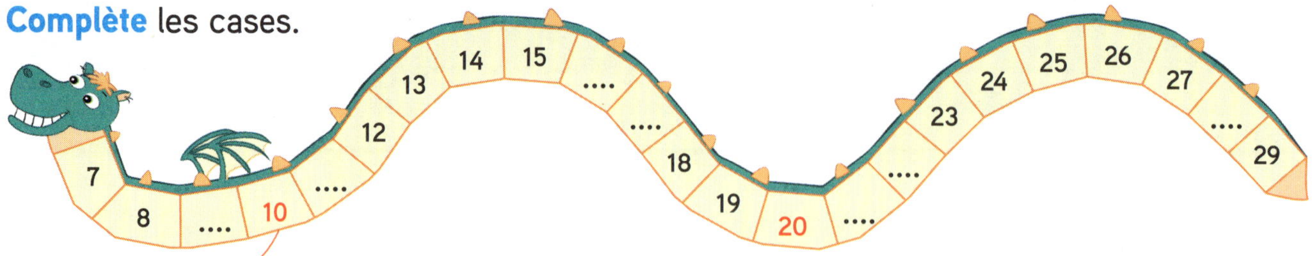

dix | quinze | dix-huit | vingt | vingt-six

Relie chaque étiquette à sa place.

Écris en lettres. 13 : ....

19 : ....

Je m'entraîne

1 Complète.

2 Complète selon l'exemple.

12	douze
....	quatorze
16	....
....	vingt-cinq
29	....

3 Écris le nombre qui précède et celui qui suit.

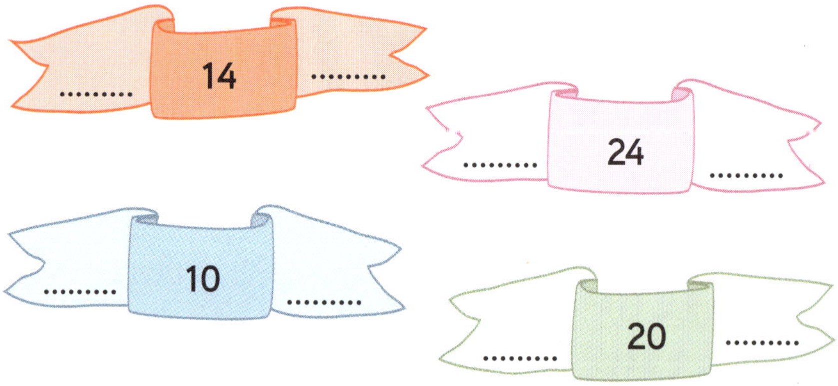

4 Entoure la case d'arrivée de Rainette.

Compétences : Lire et écrire les nombres inférieurs à 30. Connaître l'ordre des nombres dans la file numérique.

Calcul mental : Écrire le suivant. L'enseignant dit : « 5 » ; l'élève écrit 6.

Photofiche S2

11 Décomposer, comparer, ordonner les nombres jusqu'à 29

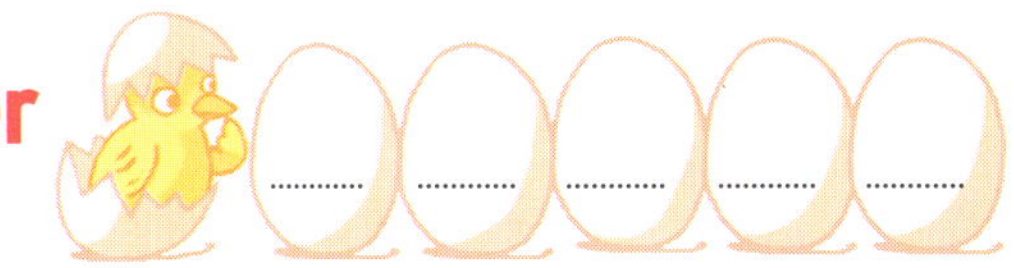

Découvrons ensemble

Complète les cases et **relie**.

14	....	....	....	....	....	20	....	....	....	....	....

10 + 7 | 10 + 4 | 10 + 9 | 10 + 10 + 2 | 20 + 4

Range du plus petit au plus grand les nombres : 21 ; 17 ; 15 ; 24 .

.... < .... < .... < ....

Le signe < se lit plus petit que ou inférieur à.
Le signe > se lit plus grand que ou supérieur à.

Ces nombres sont-ils rangés dans l'ordre de la bande numérique ? ☐ oui ☐ non

Je m'entraîne

1 **Écris** en chiffres.

 → ....

 → ....

 → ....

 → ....

2 **Complète.**

16 = 10 + ...

21 = 20 + ...

29 = ... + ...

3 **Écris** les nombres de chaque série du plus grand au plus petit.

16 23 ...... > ......

15 21 8 ...... > ...... > ......

19 25 17 20 ...... > ...... > ...... > ......

Le coin du chercheur

Place les signes + et = pour écrire une égalité.

Compétences : Décomposer, comparer et ordonner les nombres inférieurs à 30.
Calcul mental : Ajouter 1. L'enseignant dit : « 5 + 1 » ; l'élève écrit 6.

Photofiche A1

12 Calcul réfléchi : Ajouter un petit nombre (1)

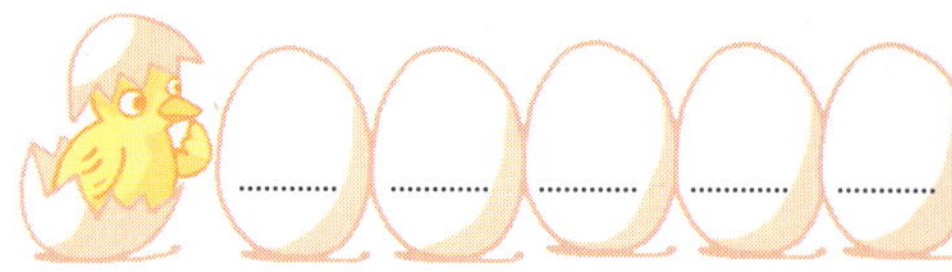

Découvrons ensemble

Théo, Mélissa et Léa calculent 18 + 4. **Complète** leurs calculs.

Je dessine **18** jetons.
J'en dessine encore **4**.
Puis je les compte tous.

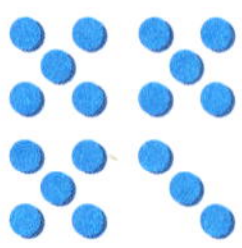

18 + 4 = ...

Je mets **18** dans ma tête
et **4** sur mes doigts.
Je compte : 19, 20...
J'écris le dernier nombre.

18 + 4 = ...

Moi, j'utilise la bande numérique.
Je pars de **18** et j'avance de **4**.

4

1	2	3	4	5	6	7	8	9	10	11	12	13	14	15	16	17	18	19	20	21	22	23	24

18 + 4 = ...

Je m'entraîne

1 **Calcule** avec la méthode de ton choix.

1	2	3	4	5	6	7	8	9	10	11	12	13	14	15	16	17	18	19	20	21	22	23	24	25	26	27	28	29	30

7 + 3 = ...
8 + 2 = ...

8 + 5 = ...
9 + 3 = ...

17 + 3 = ...
19 + 5 = ...

2 **Problème :** Nils a 9 poissons dans son aquarium.
Il achète 6 nouveaux poissons.
Combien de poissons a-t-il maintenant ?

.... = ...

Maintenant, Nils a .... poissons.

3 **Entoure** la case d'arrivée de Rainette.

5	6	7	8	9	10	11	12	13	14	15	16	17	18	19

Compétence : Ajouter un petit nombre à un nombre inférieur à 30.
Calcul mental : Écrire le précédent. L'enseignant dit : « 5 » ; l'élève écrit 4.

Photofiche A2

13 Calcul réfléchi : Retrancher un petit nombre (1)

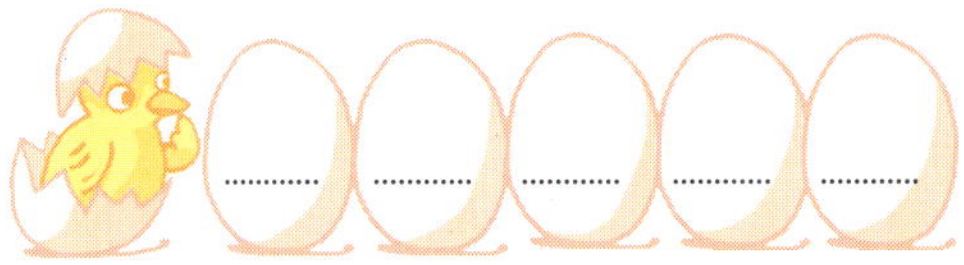

Découvrons ensemble

Théo, Mélissa et Léa calculent 12 – 5. **Complète** leurs calculs.

12 – 5 = ...

12 – 5 = ...

5

1	2	3	4	5	6	7	8	9	10	11	12	13	14	15

12 – 5 = ...

Je m'entraîne

1 **Calcule** avec la méthode de ton choix.

1	2	3	4	5	6	7	8	9	10	11	12	13	14	15	16	17	18	19	20	21	22	23	24	25	26	27	28	29	30

9 – 4 = ... 17 – 4 = ... 25 – 3 = ...

8 – 3 = ... 19 – 3 = ... 23 – 5 = ...

2 **Problème :** Julia a 22 € dans son porte-monnaie.
Elle achète ce collier.
Combien d'argent lui reste-t-il ?

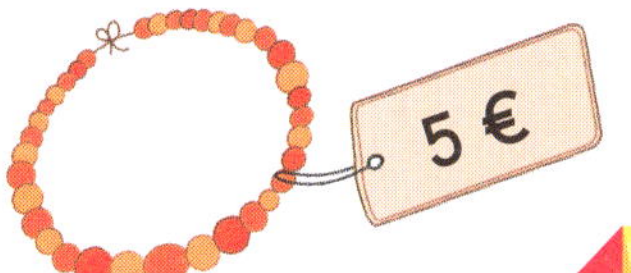

.... = ...

Il lui reste .... €.

3 **Range** ces nombres du plus grand au plus petit.

14 21 8 24 17

.... > .... > .... > .... > ....

Le coin du chercheur

Lou et Félix ont le même nombre de feutres. Trouve combien de feutres contient la pochette.

Lou : 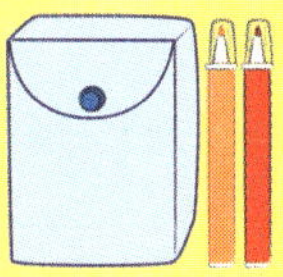 Félix : 

Elle contient .... *feutres.*

Compétence : Retrancher un petit nombre à un nombre inférieur à 30.
Calcul mental : Retrancher 1. L'enseignant dit : « 5 – 1 » ; l'élève écrit 4.

Photofiche S3

14 Lire, écrire les nombres jusqu'à 59

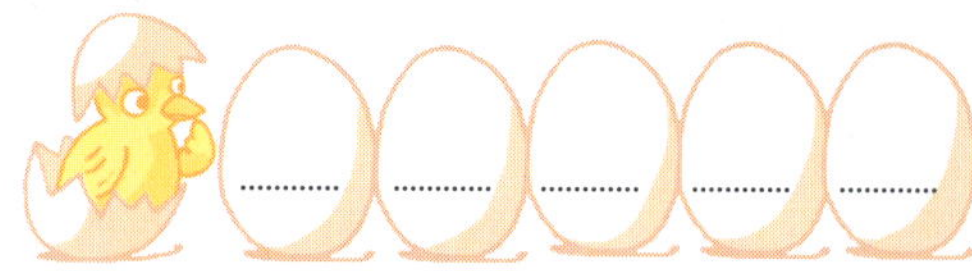

Découvrons ensemble

Complète le tableau et les étiquettes.

- Famille des unités
- Famille des dix
- Famille des ....
- Famille des ....
- Famille des quarante
- Famille des cinquante

0	1	2	3	4	5	6	7	8	9
10	11	....	13	14	15	16	17	18	19
20	21	22	23	24	25	26	27	28	29
30	....	32	33	....	35	36	37	38	39
40	41	42	....	44	45	46	....	48	49
50	51	52	53	54	55	....	57	58	....

Colorie en rouge le nombre qui précède **50**. **Colorie** en vert le nombre qui suit **29**.

Je m'entraîne

1 Complète.

......	36	37	......	......	......	......	42	43	......	......	46	47	48	......	......	......	......	53

2 Complète selon l'exemple.

37	trente-sept
....	quarante-cinq
42	....
....	cinquante-trois
58	....

3 Écris le nombre qui précède et celui qui suit.

4 Entoure la case d'arrivée de Rainette.

Compétences : Lire et écrire les nombres inférieurs à 60.
Calcul mental : Ajouter 2. L'enseignant dit : « 5 + 2 » ; l'élève écrit 7.

15 Dizaines et unités

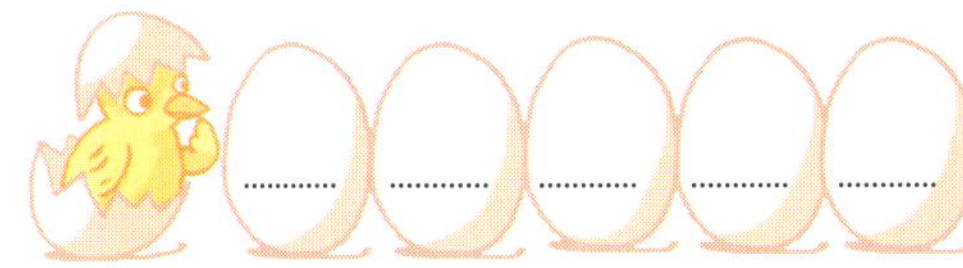

Découvrons ensemble

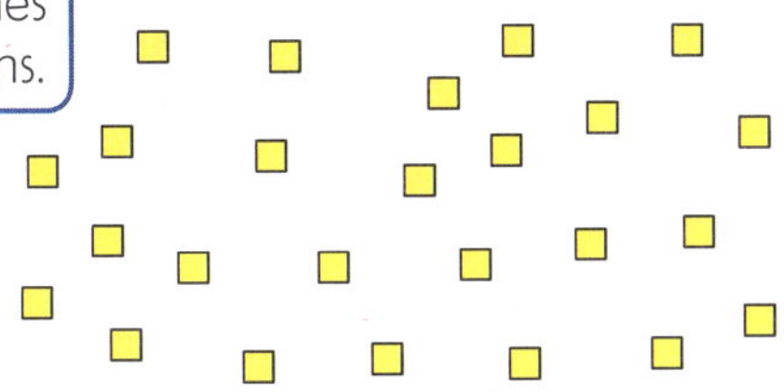

Entoure des paquets de 10 jetons, puis **complète**.

MATÉRIEL A

dizaine	unité
d	u
....	....

Dans 25 :

...... est le chiffre des dizaines.

...... est le chiffre des unités.

Règle d'échange

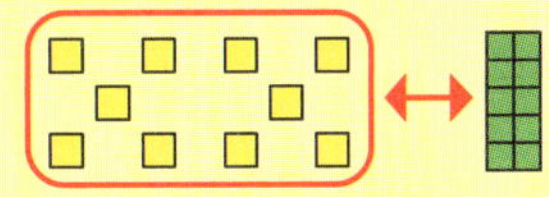

10 unités = 1 dizaine

Complète.

dizaine	unité
d	u
....	....

Léa possède ...... dizaines et ...... unités de jetons.

Elle possède .... jetons.

Je m'entraîne

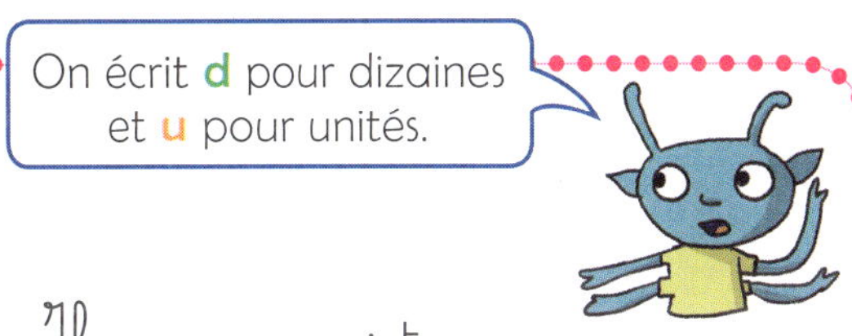

1 **Entoure** des paquets de 10 jetons, puis **complète**.

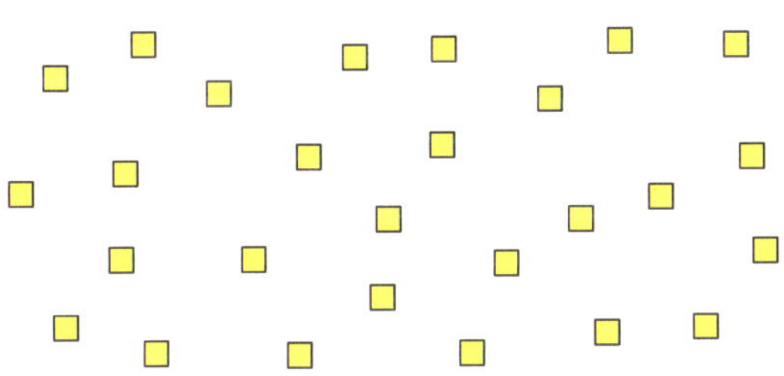

dizaine	unité
d	u
....	....

Il y a .... jetons.

...... est le chiffre des dizaines.

...... est le chiffre des unités.

2 Mélissa possède 3 jetons et 2 dizaines de jetons.
Complète le tableau, puis la phrase.

Elle possède .... jetons.

dizaine	unité
d	u
....	....

3 **Entoure** la bonne étiquette.

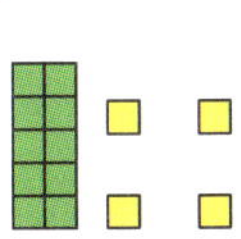

14 5

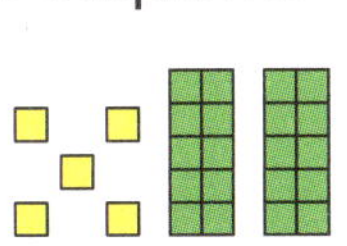

52 25

30 3

Le coin du chercheur

Combien de triangles comptes-tu dans la figure ?

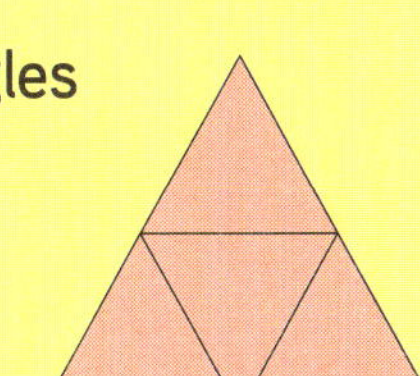

....

Compétences : Composer et décomposer un nombre de 2 chiffres en dizaines et unités.
Calcul mental : Retrancher 2. L'enseignant dit : « 5 – 2 » ; l'élève écrit 3.

Photofiche S5

16 Décomposer les nombres jusqu'à 59

....

Découvrons ensemble

Écris ce nombre dans le tableau et **complète**.

▮	▫
dizaine	unité
d	u
....	....

42 = ... dizaines ...... unités

42 = 10 + 10 + ... + ... + ...

42 = 40 + ...

Entoure les 42 jetons de Théo.

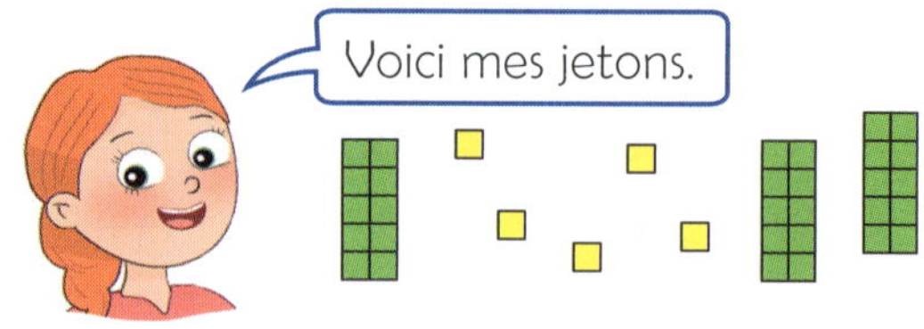

Utilise le tableau pour trouver le nombre de jetons de Léa.

▮	▫
dizaine	unité
d	u
....	....

Léa possède

...... d ...... u = ... *jetons.*

Décompose ce nombre.

.... = ... + ...

Je m'entraîne

1 Complète.

 57	 41	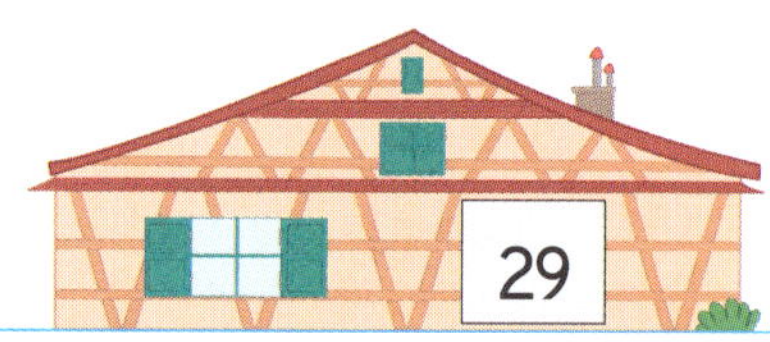 29
10 + 10 + 10 + 10 + 10 + ...	....	....
50 + ...	.... + ...	.... + ...

2 Complète.

36	3 d 6 u	30 + ...
....	4 d 8 u	40 + ...
54	.... d .... u	50 + ...
19	.... d .... u	.... + ...

3 Problème : Combien de points Mélissa a-t-elle obtenus ?

Mélissa a obtenu ...... points.

Compétence : Connaître des décompositions additives des nombres inférieurs à 60.

Calcul mental : Calculer de petites sommes. L'enseignant dit ou montre : « 3 + 2 » ; l'élève écrit 5.

Photofiche S6

17 Passage de la dizaine : ajouter 1, retrancher 1

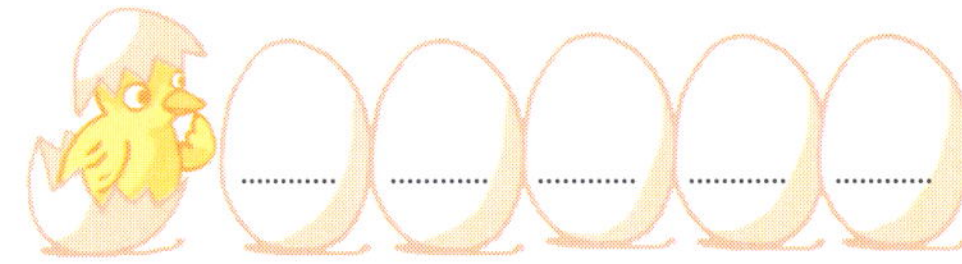

Découvrons ensemble

Théo calcule 39 + 1. **Complète.**

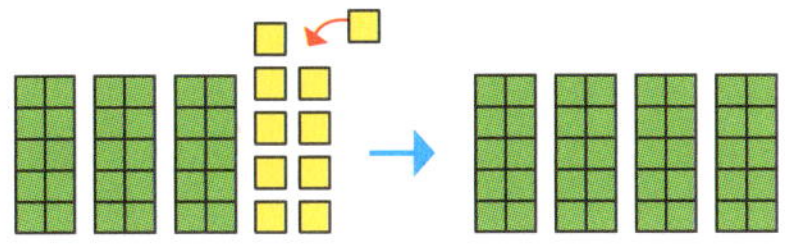

39 + 1 = ...

Quand on ajoute 1 unité à 9 unités,
on obtient une ....

Léa calcule 50 – 1. **Complète.**

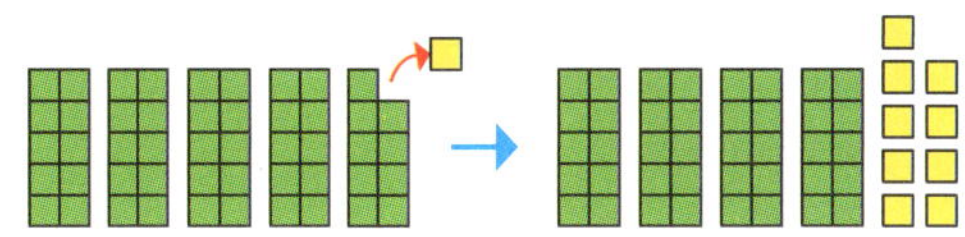

50 – 1 = ...

Quand on retranche 1 unité à 1 dizaine,
on doit « casser » cette dizaine :
on obtient alors ...... unités.

Tu peux vérifier sur la bande numérique.

+ 1 (39 → 40) ; – 1 (50 → 49)

37	38	39		41	42	43	44	45	46	47	48		50	51	52	53	54	55	56	57	58

Je m'entraîne

1 **Complète** ces égalités.

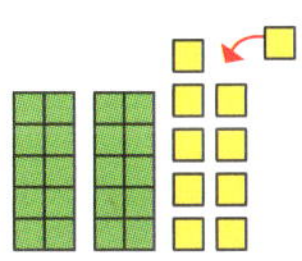

29 + 1 = ...

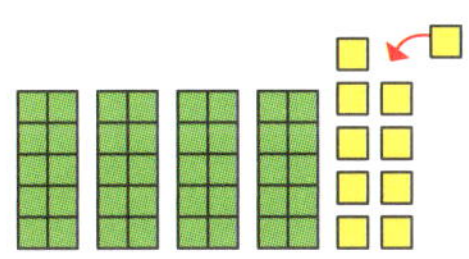

49 + 1 = ...

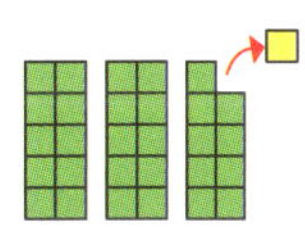

30 – 1 = ...

40 – 1 = ...

2 **Écris** le nombre qui précède et celui qui suit.

.... 39 ....

.... 40 ....

.... 50 ....

3 **Range** ces nombres du plus petit au plus grand.

26 29 14 13 8

.... < .... < .... < .... < ....

Le coin du chercheur

Si je donne 10 coups de ciseaux dans une ficelle, combien aurai-je de morceaux ?

....

Compétence : Passer la dizaine en ajoutant ou en retranchant 1.
Calcul mental : Calculer de petites différences. L'enseignant dit ou montre : « 7 – 2 » ; l'élève écrit 5.

Photofiche P1

18 Problèmes : Jeu du chapeau (1)

À la fin, combien de points obtiens-tu avec les jetons sous le chapeau ?

(jaune) = 1 point
(vert) = 10 points

1

J'ai .... points. J'ajoute .... points.

Quand je soulève le chapeau, je trouve .... jetons verts et .... jetons jaunes.

Donc, j'obtiens .... points.

2

J'ai .... points. Je retire .... points.

Quand je soulève le chapeau, je trouve .... jeton vert et .... jetons jaunes.

Donc, j'obtiens .... points.

3

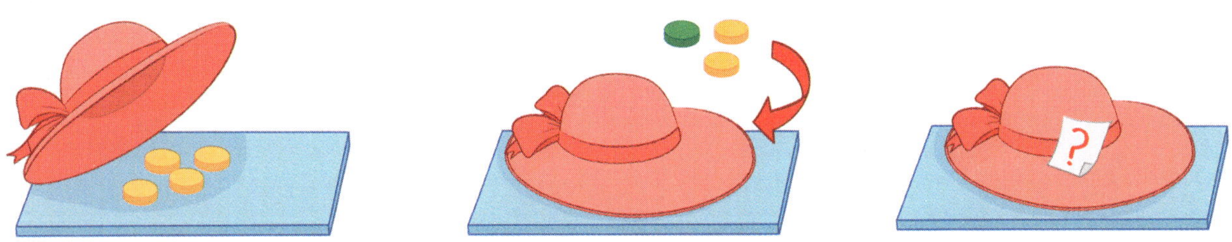

J'ai .... points. J'ajoute .... points.

Quand je soulève le chapeau, je trouve .... jeton vert et .... jetons jaunes.

Donc, j'obtiens .... points.

Compétence : Résoudre des situations additives ou soustractives : recherche de l'état final.
Calcul mental : Dictée de nombres (nombres < 60). L'enseignant dit : « 26 » ; l'élève écrit 26.

Photofiche P2

19 Problèmes : Situations additives ou soustractives (1)

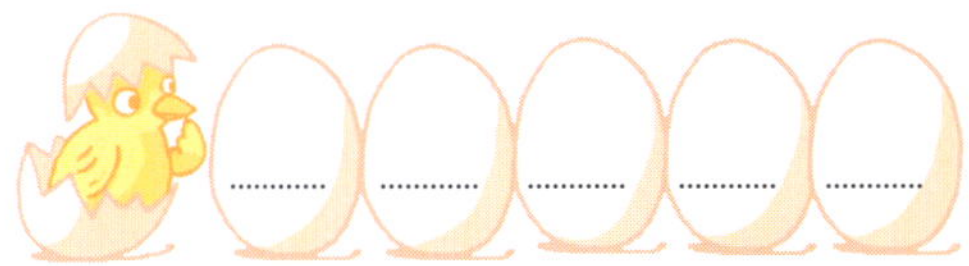

Pour chaque problème, **calcule** le nombre de jetons que contient la boîte.
Puis **complète** la phrase réponse.

Pour résoudre ces problèmes, tu peux calculer ou bien utiliser des jetons, compter sur tes doigts, utiliser la bande numérique...

1 2 3 4 5 6 7 8 9 10 11 12 13 14 15 16 17 18 19 20 21 22 23 24 25 26 27

1

Au départ, cette boîte contenait 9 jetons. Louise en ajoute 5.

.... = ...

Maintenant, cette boîte contient .... jetons.

2

Au départ, cette boîte contenait 7 jetons. Tom en enlève 4.

.... = ...

Maintenant, cette boîte contient .... jetons.

3

Au départ, cette boîte contenait 15 jetons. Tom en ajoute 8.

.... = ...

Maintenant, cette boîte contient .... jetons.

4

Au départ, cette boîte contenait 10 jetons. Marc ajoute 5 jetons et moi 6.

.... = ...

Maintenant, cette boîte contient .... jetons.

Compétence : Calculer la valeur de l'état final dans une transformation additive ou soustractive.
Calcul mental : Calculer de petites différences. L'enseignant dit : « 9 – 3 » ; l'élève écrit 6.

20 J'ai compris et je retiens (1)

Cette page t'aide à retenir ce qui est essentiel.

Je compte jusqu'à 59.

29	30	31	32	33	34	35	36	37	38	39	40	41	42	43	44	45	46	47	48	49	50	51	52	53	54	55	56	57	58	59

trente (30) — quarante (40) — cinquante (50)

10 *dix* • 20 *vingt* • 30 *trente* • 40 *quarante* • 50 *cinquante*

Je décompose un nombre.

24

- 20 + 4
- 2 dizaines 4 unités
- 10 + 10 + 4

dizaine	unité
2	4

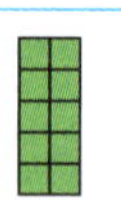

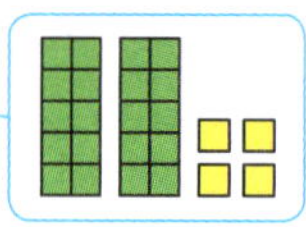

J'écris le précédent et le suivant.

18 → 19 → 20

29 → 30 → 31

45 → 46 → 47

Je range des nombres.

Pour ranger les nombres 12, 9, 17 et 21, j'utilise une bande numérique.

12 — 9 — 17 — 21

1	2	3	4	5	6	7	8	9	10	11	12	13	14	15	16	17	18	19	20	21	22	23	24	25	26	27

$9 < 12 < 17 < 21$

J'ajoute un petit nombre.

18 + 4

Je mets 18 dans ma tête et 4 sur mes doigts. Je compte : 19, 20, 21, **22**.

18 + 4 = **22**

Je retranche un petit nombre.

12 – 5

Je mets 12 dans ma tête et 5 sur mes doigts. Je compte à reculons : 11, 10, 9, 8, **7**.

12 – 5 = **7**

21 Je fais le point (1)

SOCLE COMMUN

1 Complète.

37	38	39	....	....	....	....	....	....	....	....	....	....	....

Connaître la suite numérique.

2 Écris le nombre qui précède et celui qui suit.

.... → 29 → ....

.... → 50 → ....

.... → 20 → ....

.... → 41 → ....

Connaître le précédent, le suivant.

3 Calcule.

19 + 1 = ...

49 + 1 = ...

30 − 1 = ...

50 − 1 = ...

Ajouter 1, retrancher 1.

4 Calcule.

5 + 3 = ...

12 + 5 = ...

8 − 2 = ...

26 − 4 = ...

Ajouter ou retrancher un petit nombre.

5 Range ces nombres du plus grand au plus petit.

24 17 12 29

.... > .... > .... > ....

Ordonner des nombres.

6 Écris en chiffres.

douze : ....

trente-deux : ....

vingt : ....

dix-sept : ....

quarante : ....

seize : ....

Passer de l'écriture en lettres à l'écriture en chiffres.

7 Observe et complète.

27	2 dizaines 7 unités	20 + 7
35	...... dizaines ...... unités	....
....	5 dizaines 6 unités	....
....	...... dizaines ...... unités	40 + 8
41	...... dizaines ...... unité	....

Décomposer un nombre en dizaines et unités.

8 Complète selon l'exemple.

48 = 10 + 10 + 10 + 10 + 8

48 = 4 dizaines 8 unités

27 = ...

27 = ... dizaines .... unités

34 = ...

34 = ... dizaines .... unités

Décomposer un nombre en dizaines et unités.

Photofiche S7

22 Comparer les nombres jusqu'à 59

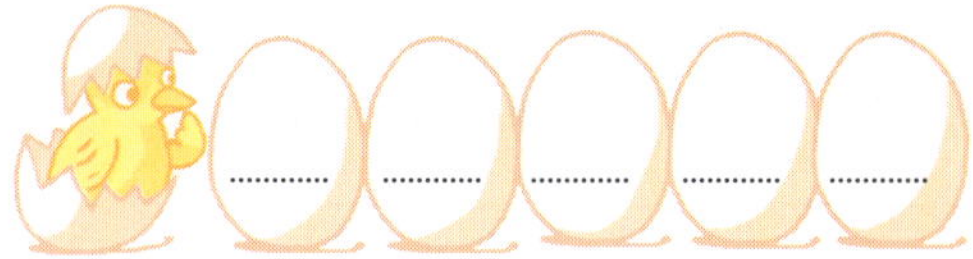

Découvrons ensemble

Théo compare les nombres 34 et 42.

Complète.

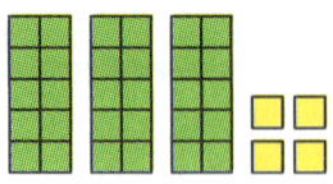

34 = 10 + 10 + 10 + 4

34 possède ...... dizaines.

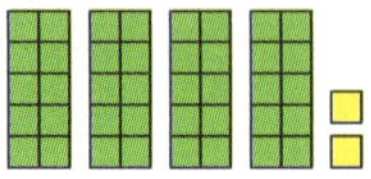

42 = 10 + 10 + 10 + 10 + 2

42 possède ...... dizaines.

.... est plus grand que ....

Pour comparer 2 nombres de 2 chiffres, je compare d'abord leur chiffre des **dizaines**.

Léa compare les nombres 36 et 32.

Complète.

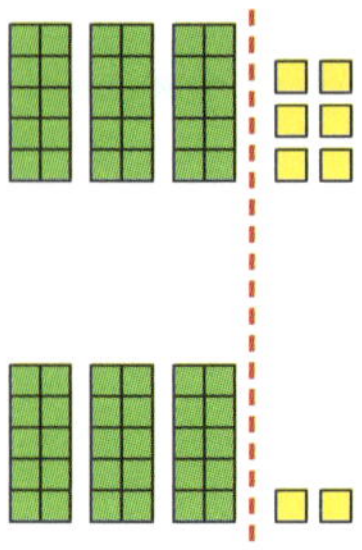

36 = 30 + ...

32 = 30 + ...

.... est plus grand que ....

Quand les 2 nombres ont le même chiffre des **dizaines**, je compare alors leur chiffre des **unités**.

Range les nombres précédents du plus petit au plus grand. .... < .... < .... < ....

Je m'entraîne

1 Écris le nombre de jetons de chaque collection.

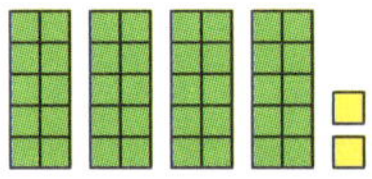

....

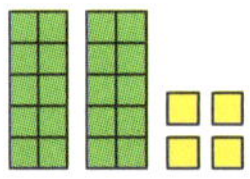

....

....

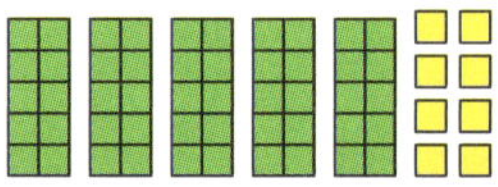

....

Range ces nombres du plus petit au plus grand. .... < ....< .... < ....

2 Entoure le plus grand des 2 nombres.

36 34

45 54

3 Range ces nombres du plus grand au plus petit.

40 50 38 49

.... > .... > .... > ....

4 Complète avec les nombres : 56 ; 47 ; 53 ; 39.

Compétences : Comparer, ordonner et intercaler les nombres inférieurs à 60.

Calcul mental : Ajouter un petit nombre. L'enseignant dit ou montre : « 15 + 2 » ; l'élève écrit 17.

Photofiche S8

23 Trouver le complément à la dizaine supérieure

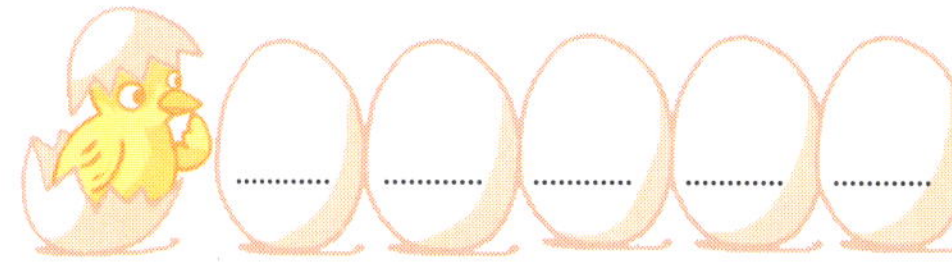

Découvrons ensemble

Complète les égalités de Mélissa.

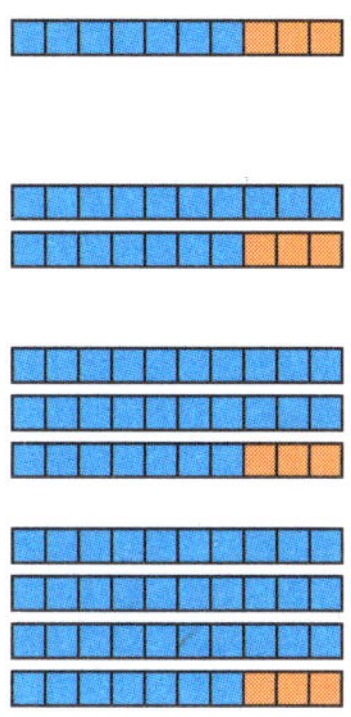

7 + ... = 10

17 + ... = 20

27 + ... = 30

37 + ... = 40

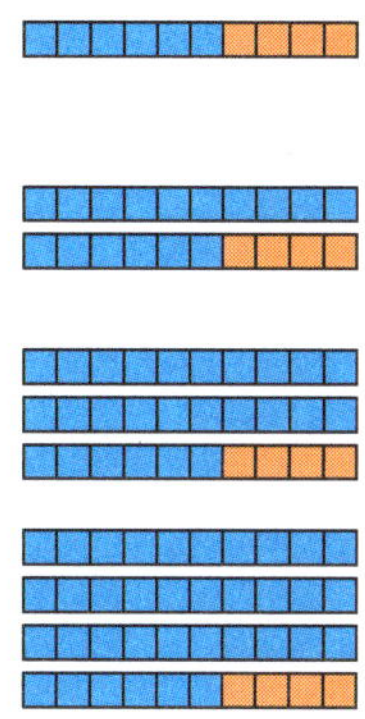

6 + ... = 10

16 + ... = 20

26 + ... = 30

36 + ... = 40

Je m'entraîne

1 **Relie** deux par deux les pots qui font 10.

2 **Complète**.

8 + ... = 10	5 + ... = 10	4 + ... = 10
18 + ... = 20	15 + ... = 20	24 + ... = 30
28 + ... = 30	35 + ... = 40	44 + ... = 50

3 **Problème**

Écris la somme qui manque à chaque enfant pour acheter le jouet.

Lucie a 26 €.

Il lui manque .... €.

Corentin a 35 €.

Il lui manque .... €.

Sacha a 58 €.

Il lui manque .... €.

4 Qui suis-je ?

J'ai 4 unités et 3 dizaines. Je suis le nombre ....

Je n'ai que 5 dizaines. Je suis le nombre ....

Le coin du chercheur

Combien de points contient la face opposée à cette face du dé ?

....

Compétence : Trouver le complément à la dizaine supérieure.

Calcul mental : Retrancher un petit nombre. L'enseignant dit ou écrit 15 – 2 ; l'élève écrit 13.

Photofiche S9

24 Tracer et prolonger un segment

Découvrons ensemble

Observe comment Théo trace un segment.

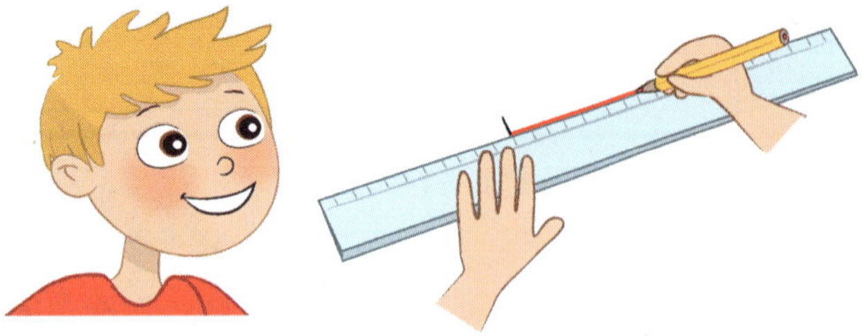

Observe comment Léa prolonge un segment.

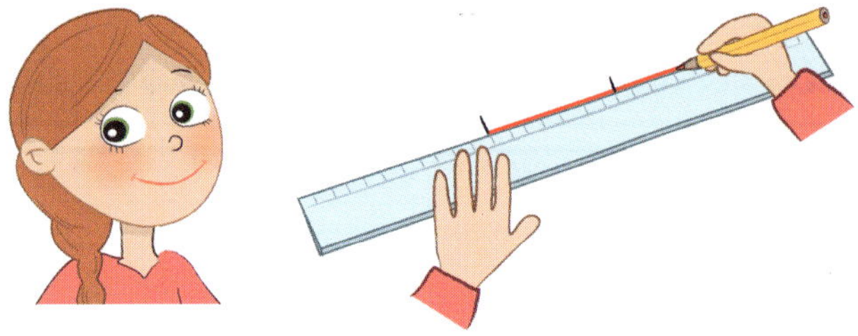

Trace les segments pour terminer le dessin de la maison.

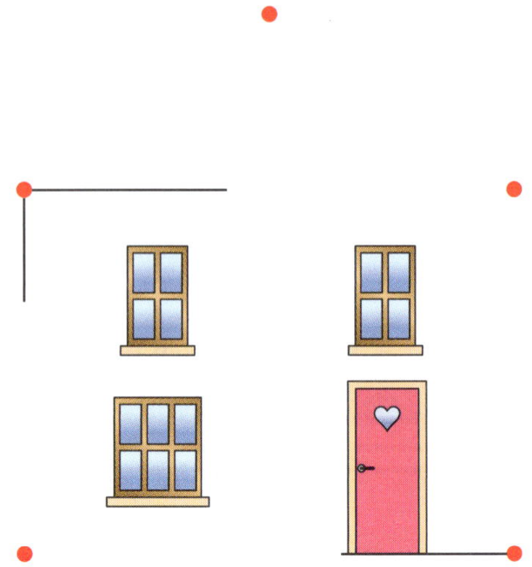

Je m'entraîne

1 **Relie** avec ta règle les points dans l'ordre.

2 **Prolonge** avec ta règle les moustaches du phoque jusqu'au bord du cadre.

Compétence : Utiliser la règle pour tracer et prolonger un segment.

Calcul mental : Écrire le plus grand de trois nombres. L'enseignant dit : « 15 ; 18 ; 13 » ; l'élève écrit 18.

Photofiches S10 et A4

25 Reproduire une figure sur quadrillage (1)

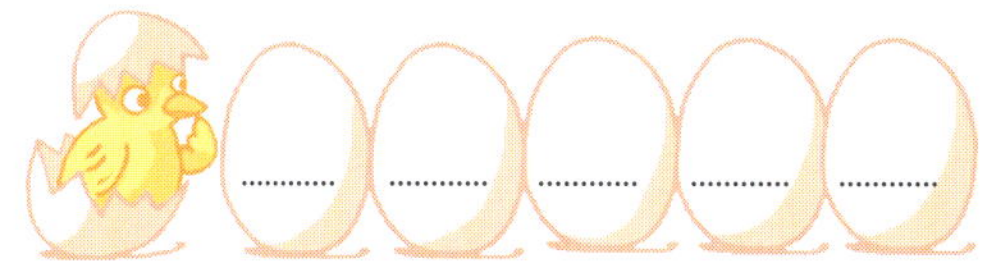

Découvrons ensemble

Reproduis le dessin de Mélissa
en t'aidant des zones colorées.

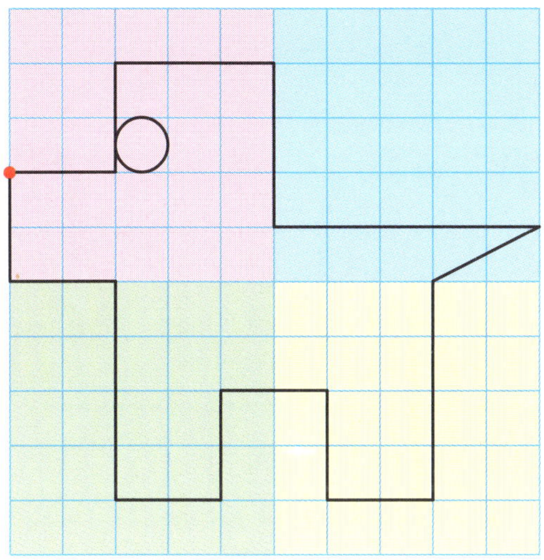

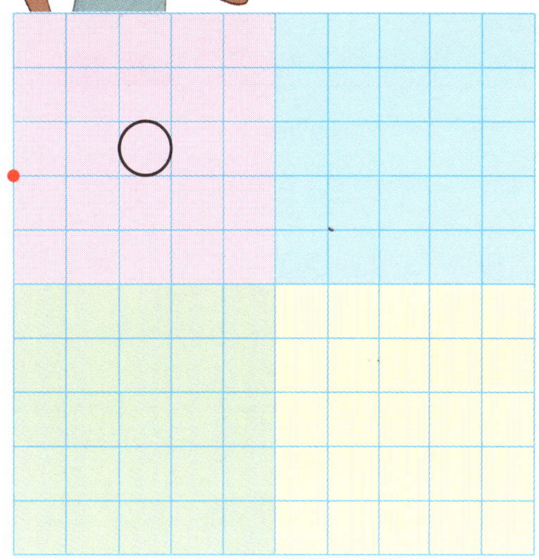

Je m'entraîne

1 **Reproduis** le dessin.

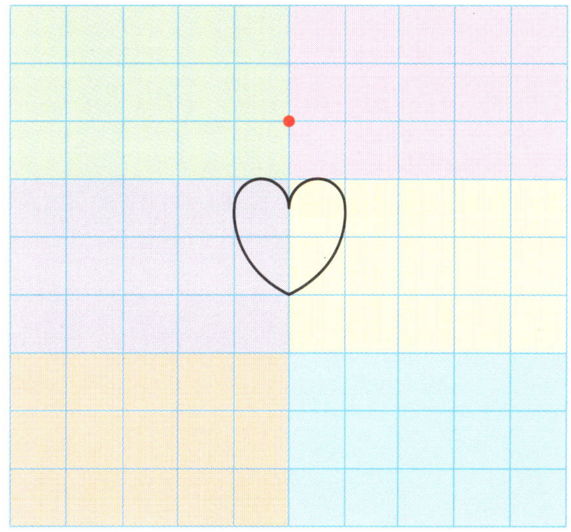

2 **Complète.**

19 + 1 = ...	39 + 1 = ...	29 + 1 = ...
30 − 1 = ...	40 − 1 = ...	50 − 1 = ...

Le coin du chercheur

Écris les nombres 1 ; 2 ; 3 ; 4 pour que les sommes en ligne et en colonne soient égales à 10.

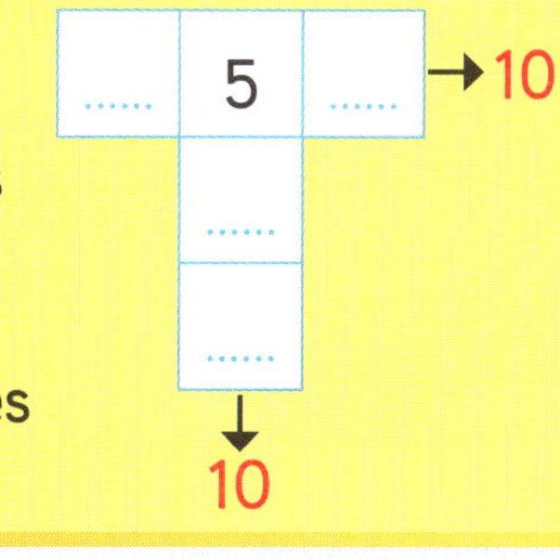

Compétence : Reproduire un dessin sur quadrillage.
Calcul mental : Dictée de nombres (nombres < 60). L'enseignant dit : « 29 » ; l'élève écrit 29.

Photofiche S11

26 Calcul réfléchi : Ajouter un petit nombre (2)

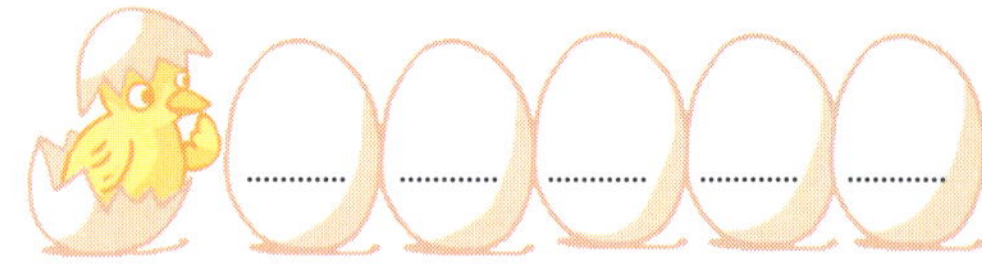

Découvrons ensemble

Théo et Léa calculent 17 + 5.

Calcule.

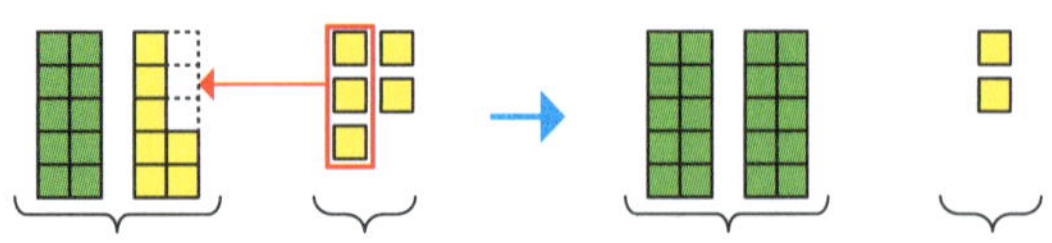

17 + 5 = 20 + ...

17 + 5 = ...

Complète.

Moi, je décompose 5 en 3 + 2 pour obtenir 17 + 3 = 20.

17 + 5

17 + ... + ...

20 + ...

......

17 + 5 = ...

Je m'entraîne

1 **Calcule** comme Théo.

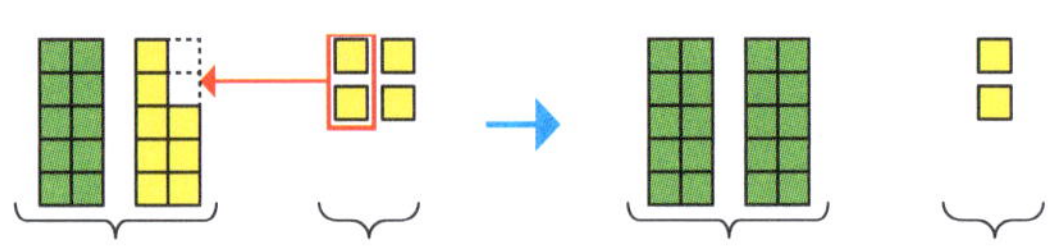

18 + 4 = 20 + ...

18 + 4 = ...

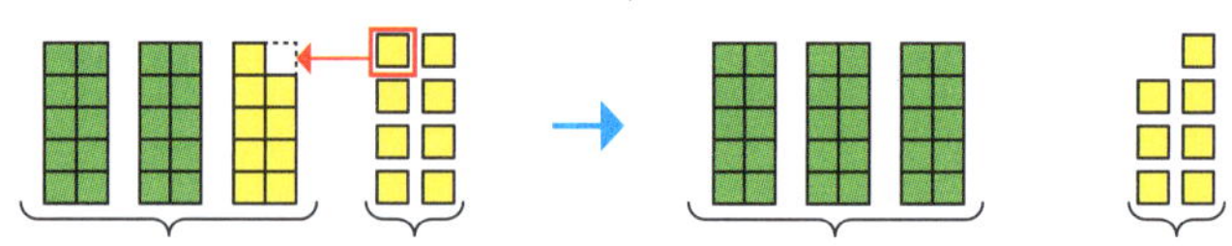

29 + 8 = ... + ...

29 + 8 = ...

2 **Calcule** comme Léa.

15 + 8

15 + 8

15 + 5 + ...

20 + ...

......

15 + 8 = ...

26 + 5

26 + 5

26 + ... + ...

30 + ...

......

26 + 5 = ...

Décompose 5 en 4 + 1 pour obtenir 26 + 4 = 30.

3 **Entoure** la case de départ de Rainette.

Compétence : Calculer une somme de deux termes en utilisant le complément à la dizaine supérieure.

Calcul mental : Trouver le complément à 10. L'enseignant dit : « 8 » ; l'élève écrit 2.

Photofiche S12

27 Calcul réfléchi : Retrancher un petit nombre (2)

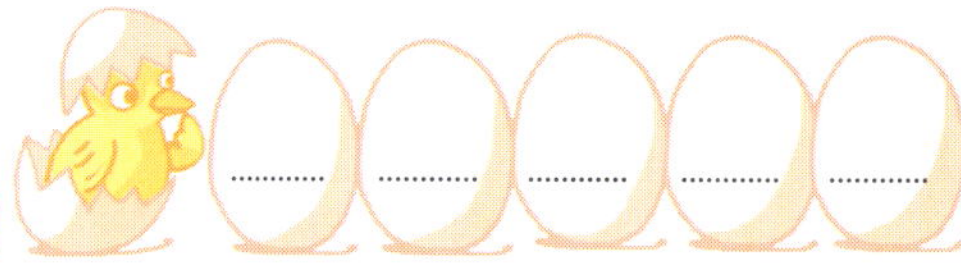

Découvrons ensemble

Théo calcule 34 – 4.
Complète.

34 – 4 = ...

Léa calcule 34 – 7.
Complète.

Je regarde les unités : 7 est plus grand que 4.

Donc, j'enlève d'abord **4** pour arriver à 30. J'enlève ensuite **3**, car 7 = **4** + **3**.

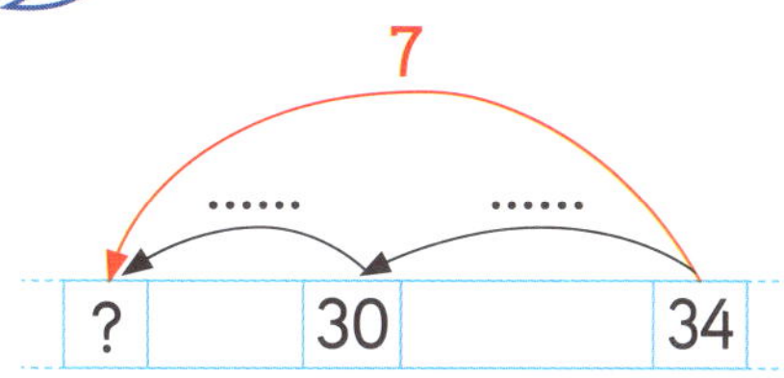

34 – 7 = ...

Je m'entraîne

1 **Calcule** comme Théo.

14 – 4 = ... | 12 – 2 = ... | 25 – 5 = ... | 32 – 2 = ... | 45 – 5 = ...

2 **Calcule** comme Léa.

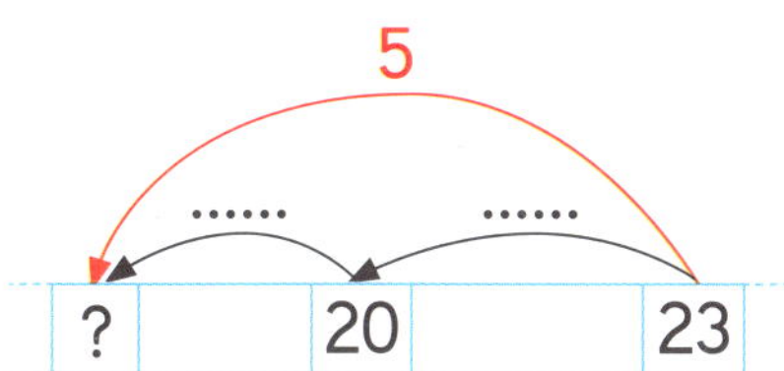

23 – 5 = ...

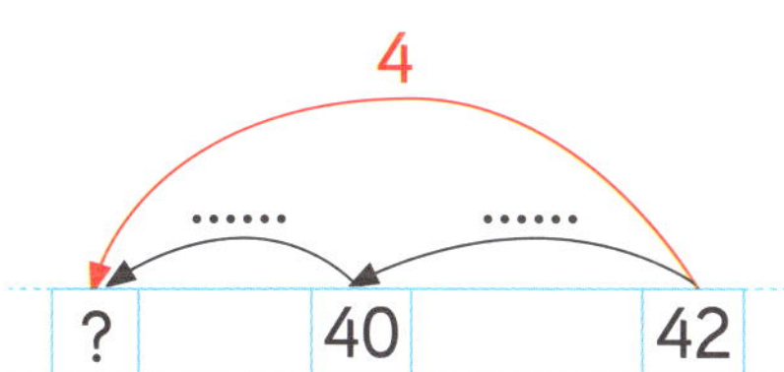

42 – 4 = ...

3 **Calcule** comme Léa.

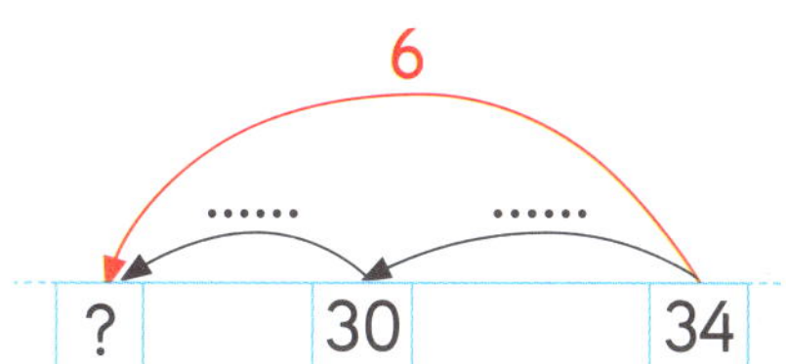

34 – 6 = ...

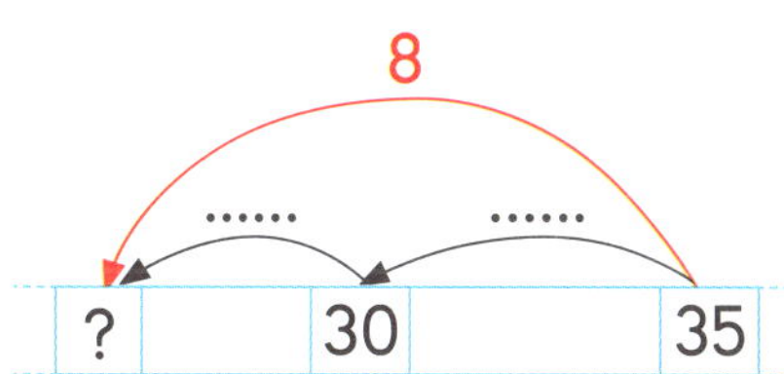

35 – 8 = ...

4 **Relie** ces trois points avec ta règle.

Tu obtiendras un triangle.

Le coin du chercheur

Écris le nombre qui manque.

Compétence : Retrancher un petit nombre en franchissant la dizaine.

Calcul mental : Complément à la dizaine supérieure (< 40). L'enseignant dit : « De 27 pour aller à 30 » ou écrit 27 + ... = 30 ; l'élève écrit 3.

Photofiche A5

28 Lire, écrire les nombres jusqu'à 99

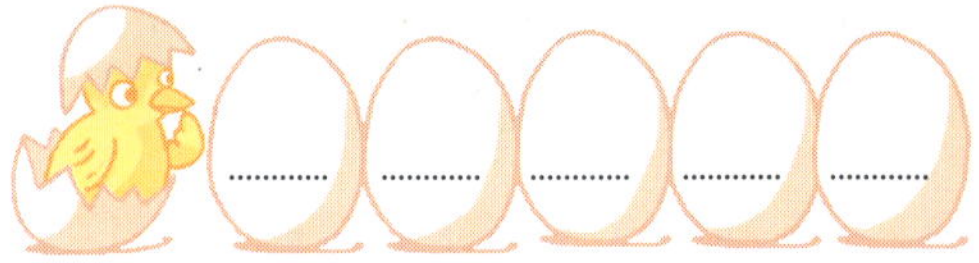

Découvrons ensemble

Complète le tableau et les étiquettes.

- Famille des cinquante
- Famille des ……………………
- Famille des soixante-dix
- Famille des ……………………
- Famille des quatre-vingt-dix

50	51	52	……	54	55	56	57	58	59
60	61	……	63	64	65	66	……	68	69
……	71	72	73	74	75	……	77	78	79
80	81	82	83	84	85	86	87	……	89
90	……	92	93	94	……	96	97	98	99

Je m'entraîne

1 Complète.

……	77	……	……	……	81	82	……	……	85	……	……	88	……	……	……	……	93	……

2 Relie les étiquettes.

soixante-douze •	• 62
soixante-six •	• 76
soixante-deux •	• 72
soixante-seize •	• 66

3 Relie les étiquettes.

quatre-vingt-sept •	• 81
quatre-vingt-dix-sept •	• 87
quatre-vingt-onze •	• 97
quatre-vingt-un •	• 91

4 Entoure la case de départ de Rainette.

Compétences : Lire et écrire les nombres inférieurs à 100.
Calcul mental : Écrire le plus petit de trois nombres. L'enseignant écrit 35 ; 28 ; 43 ; l'élève écrit 28.

29 Décomposer les nombres jusqu'à 79

....

Découvrons ensemble

Je possède 73 jetons.

dizaine	unité
d	u
....	....

Écris ce nombre dans le tableau et **complète**.

73 = ... dizaines ...... unités

73 = 10 + 10 + ...

73 = 70 + ...

1 paquet de 10 est 1 dizaine !

Entoure les 73 jetons de Théo.

Voici mes jetons.

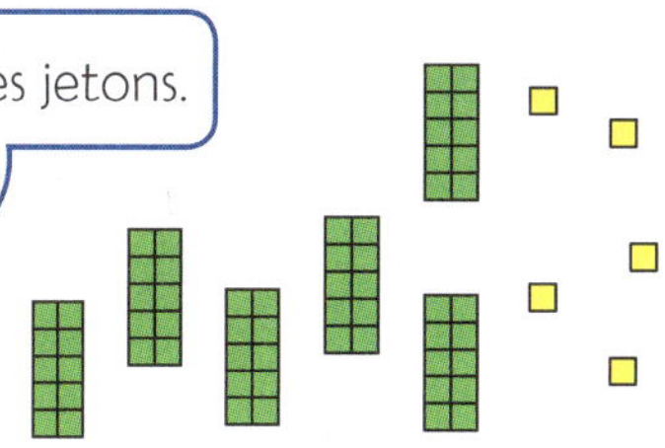

Complète.

dizaine	unité
d	u
....	....

Léa possède

..... d ..... u = ... *jetons.*

Elle possède .... *jetons.*

Décompose ce nombre.

.... = ... + ...

Je m'entraîne

1 Complète.

68 = ... dizaines .... unités

68 = 10 + 10 + ...

74 = ... dizaines .... unités

74 = 10 + 10 + ...

2 Complète.

Attention à la dernière ligne du tableau.

75	.... d .... u	....
....	6 d 9 u	....
....	.... d .... u	70 + 1
....	7 u 6 d	....

3 Problème : Combien de points Mélissa a-t-elle obtenus ?

Mélissa a obtenu .... *points.*

Le coin du chercheur

Combien de triangles vois-tu dans la figure ?

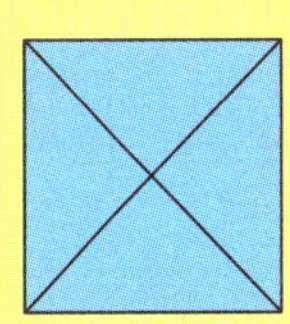

....

Compétence : Connaître des décompositions additives des nombres inférieurs à 80.

Calcul mental : Dictée de nombres (nombres < 60). L'enseignant dit : « 43 » ; l'élève écrit 43.

Photofiche A6

30 Trouver, compléter un alignement

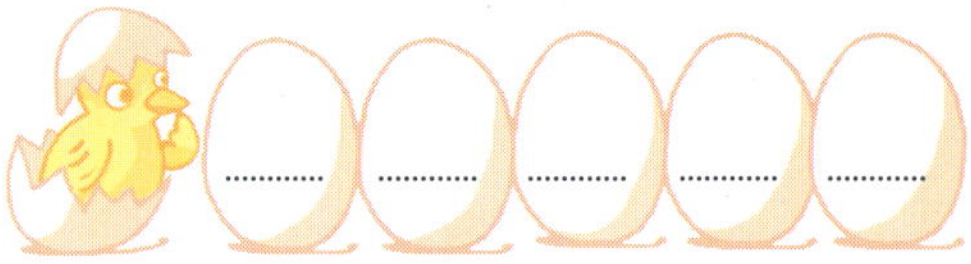

Découvrons ensemble

Entoure le groupe où les enfants sont alignés.

Observe.

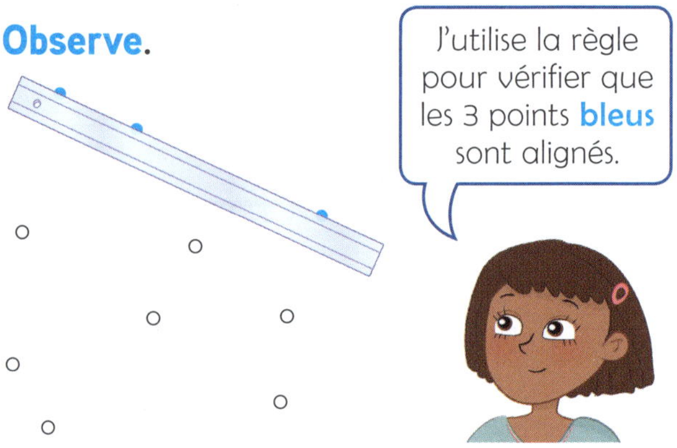

Colorie en vert 3 autres points alignés.
Dessine un autre point vert aligné avec les points verts.

Je m'entraîne

1 **Colorie** les perles alignées.

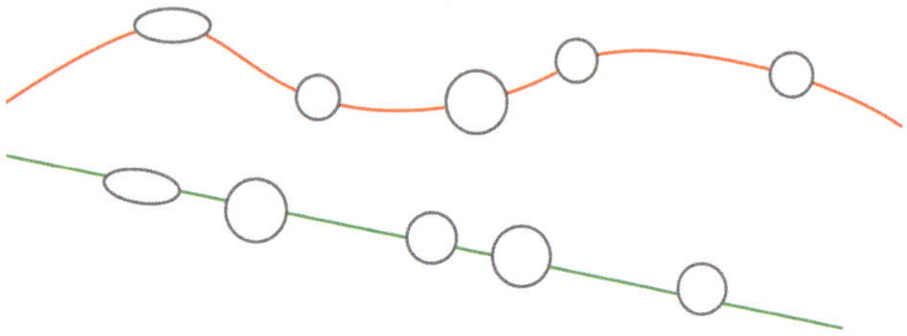

2 Sur chaque dessin, **colorie** en vert un pion aligné avec les deux autres.

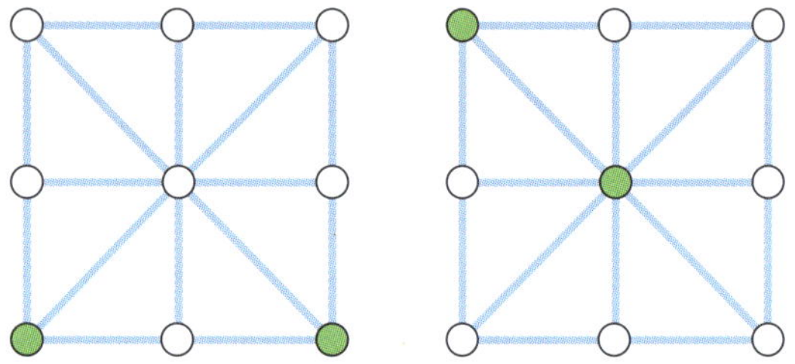

3 **Relie** avec ta règle 4 étoiles alignées.

4 **Dessine** :
– en rouge 2 points alignés avec les 2 points rouges,
– en vert 2 points alignés avec les 3 points verts.

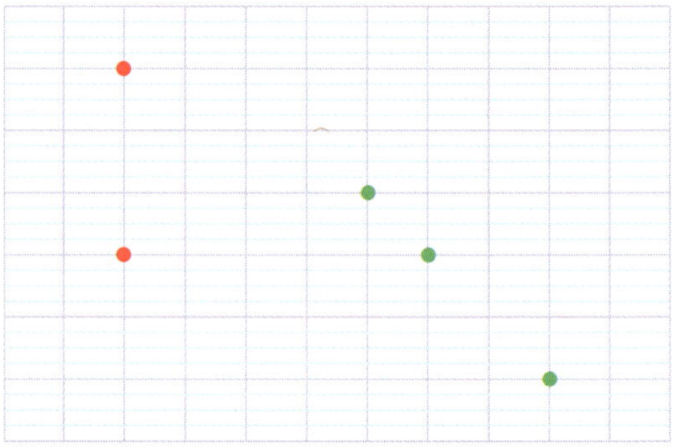

Compétences : Identifier des points alignés, compléter un alignement.
Calcul mental : Complément à la dizaine supérieure (< 60). L'enseignant dit : « De 36 pour aller à 40 » ou écrit 36 + ... = 40 ; l'élève écrit 4.

31 Calcul réfléchi : Additionner 2 nombres de 2 chiffres (1)

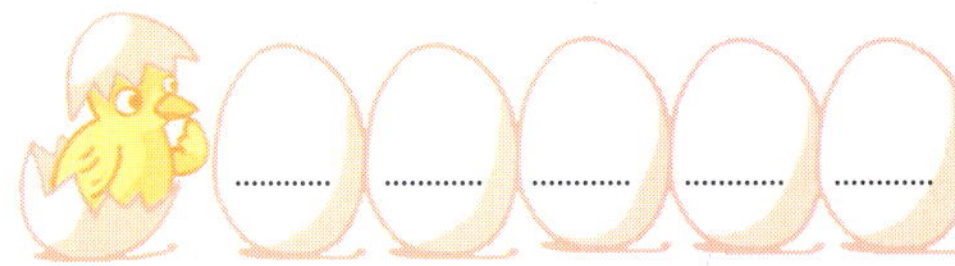

Découvrons ensemble

Théo calcule 30 + 20.

Complète.

Je sais calculer 3 + 2, alors je sais calculer 30 + 20.

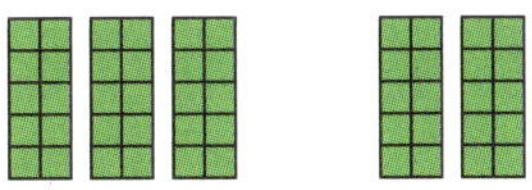

3 d + 2 d = ... d

30 + 20 = ...

Léa calcule 30 + 26.

Complète.

30, c'est 3 d.
26, c'est 2 d 6 u.

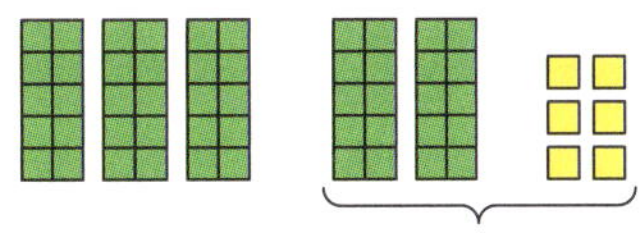

3 d + 2 d + ... u = ... d ...... u

30 + 20 + ... = ...

30 + 26 = ...

Calcule comme Théo et Léa. 20 + 20 = ... 20 + 17 = ...

Je m'entraîne

1 **Calcule** selon l'exemple.

6 + 3 = 9 → 60 + 30 = 90

4 + 3 = ... → 40 + 30 = ...

7 + 2 = ... → 70 + 20 = ...

4 + 4 = ... → 40 + 40 = ...

2 **Calcule** selon l'exemple.

40 + 23 = 40 + 20 + 3 = 63

30 + 14 = 30 + 10 + ... = ...

70 + 28 = ...

60 + 37 = ...

3 **Problème :** Suzie cueille 30 marguerites et Margot 17 coquelicots.
Combien de fleurs ont-elles cueillies ?

.... = ...

Suzie et Margot ont cueilli .... fleurs.

4 **Prolonge** le segment rouge jusqu'au bord du cadre.

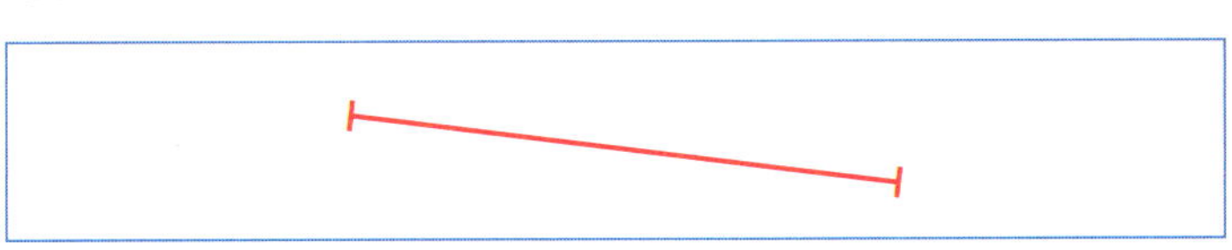

Le coin du chercheur

Écris les deux nombres qui manquent.

(9, 1) (5, 5) (7, 3) (8, 2)

(...... , ...)

Compétence : Ajouter des dizaines à un nombre de 2 chiffres.

Calcul mental : Tables d'addition. L'enseignant dit : « 7 + 4 = » ; l'élève écrit 11.

32 Problèmes : Situations additives ou soustractives (2)

1

Le car transporte 15 élèves. 8 élèves montent. Le car repart.

Combien d'élèves le car transporte-t-il quand il repart ?

Le ? indique ce que tu dois chercher.

Écris l'opération et **calcule**. .... = ...

Complète la phrase réponse. *Quand il repart, le car transporte .... élèves.*

2

Le car transporte 18 élèves. 6 élèves descendent. Le car repart.

Combien d'élèves le car transporte-t-il quand il repart ?

.... = ... *Quand il repart, le car transporte .... élèves.*

3

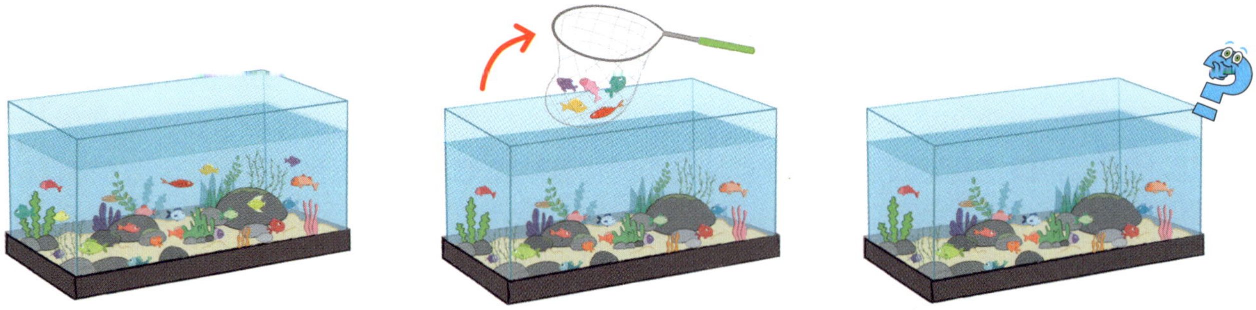

L'aquarium contient 24 poissons. On retire 5 poissons. L'aquarium contient moins de poissons.

Combien de poissons reste-t-il dans l'aquarium ?

.... = ... *Il reste .... poissons dans l'aquarium.*

Compétence : Calculer la valeur de l'état final dans une transformation additive ou soustractive.

Calcul mental : Ajouter 10. L'enseignant dit : « 34 + 10 = ... » ; l'élève écrit 44.

33 Maths Aventures [1]

La course à la voile

Quand ta réponse est correcte, colorie la bouée.

1 **Prolonge** les rayons du soleil jusqu'au nuage.

2 **Écris** les nombres sur les voiles des bateaux.

3 **Colorie** les 3 flotteurs alignés.

4 Léa n'a que 7 €. Combien lui manque-t-il pour acheter ce tee-shirt ?

Il lui manque ...... €.

5 **Reproduis** le bateau sur le quadrillage.

6 **Complète** le dossard du photographe.

Si tu as colorié 5 ou 6 bouées, colorie la médaille d'or ; 3 ou 4 bouées, colorie la médaille d'argent ; sinon, colorie la médaille de bronze.

34 J'ai compris et je retiens (2)

Cette page t'aide à retenir ce qui est essentiel.

Je compte jusqu'à 99.

69	70	71	72	73	74	75	76	77	78	79	80	81	82	83	84	85	86	87	88	89	90	91	92	93	94	95	96	97	98	99

70 : soixante-dix
80 : quatre-vingts
90 : quatre-vingt-dix

10 *dix* • 20 *vingt* • 30 *trente* •
40 *quarante* • 50 *cinquante* • 60 *soixante*

J'écris le précédent et le suivant.

69 → 70 → 71

79 → 80 → 81

89 → 90 → 91

Je compare 2 nombres de 2 chiffres.

- Les deux nombres n'ont pas le même chiffre des dizaines.

48 est plus petit que 53
car 4 est plus petit que 5.

- Les deux nombres ont le même chiffre des dizaines.

48 est plus grand que 43
car 8 est plus grand que 3.

J'additionne des dizaines.

30 + 20
3 d + 2 d = 5 d
30 + 20 = 50

30 + 26
30 + 26 = 30 + 20 + 6
30 + 26 = 50 + 6 = 56

Je retranche un petit nombre.

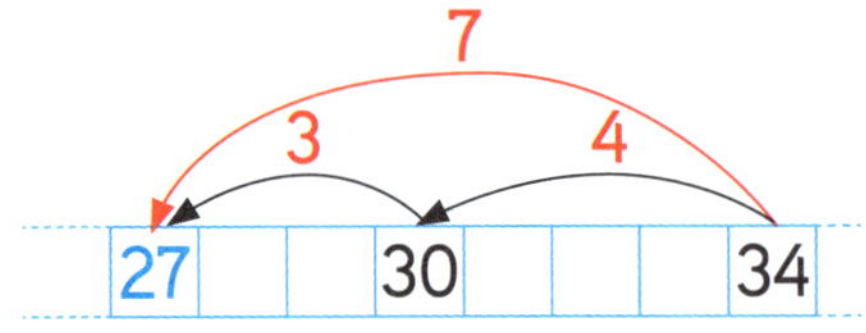

34 − 7 = 27

J'utilise la règle pour vérifier l'alignement des points rouges.

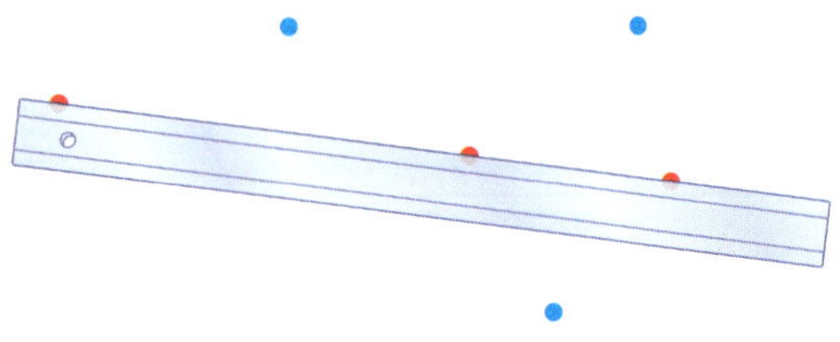

Je prolonge un segment.

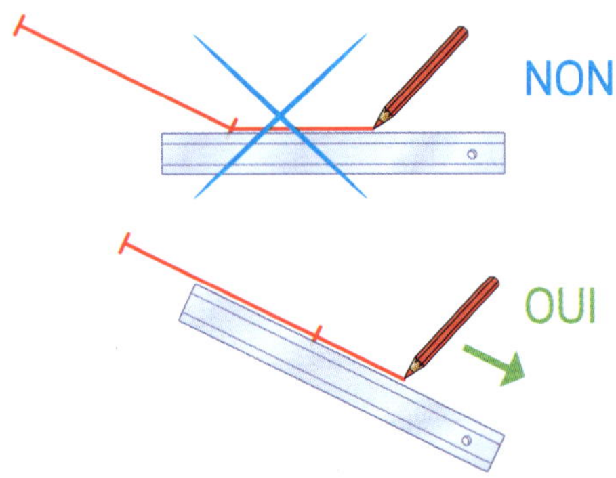

35 Je fais le point (2)

SOCLE COMMUN

1 **Écris** le nombre qui précède et celui qui suit.

.... → 80 → ....

.... → 90 → ....

.... → 69 → ....

.... → 71 → ....

Connaître le précédent, le suivant.

2 **Calcule.**

18 + 4 = ...

27 + 5 = ...

23 – 4 = ...

32 – 5 = ...

Ajouter, retrancher un petit nombre.

3 **Complète.**

8 + ... = 10

28 + ... = 30

6 + ... = 10

36 + ... = 40

Connaître les compléments à la dizaine supérieure.

4 **Calcule.**

37 + ... = 40

37 + 5 = ...

45 + ... = 50

45 + 8 = ...

Calculer en utilisant les compléments à la dizaine supérieure.

5 **Entoure** en vert le plus grand nombre de chaque drapeau et en bleu le plus petit.

50 39 48

49 58 46

Comparer des nombres.

6 **Place** le nombre **32** dans la bonne étoile.

20 .... 40 50

Intercaler un nombre.

7 **Écris** en chiffres.

soixante-dix : ....

quatre-vingt-deux : ....

quatre-vingt-dix : ....

quatre-vingts : ....

soixante-dix-sept : ....

Passer de l'écriture en lettres à l'écriture en chiffres.

8 **Joins** les 3 points avec la règle.
Prolonge le trait qui joint les points bleus jusqu'au bord du cadre.

Tracer et prolonger un segment.

9 **Reproduis** cette figure.

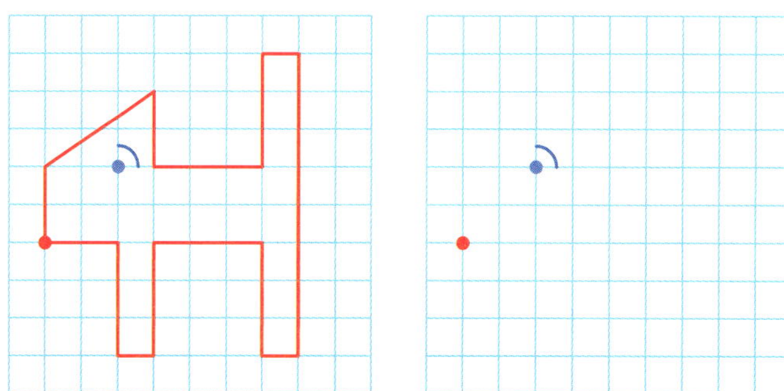

Reproduire une figure sur quadrillage.

Photofiche S14

36 Décomposer les nombres jusqu'à 99

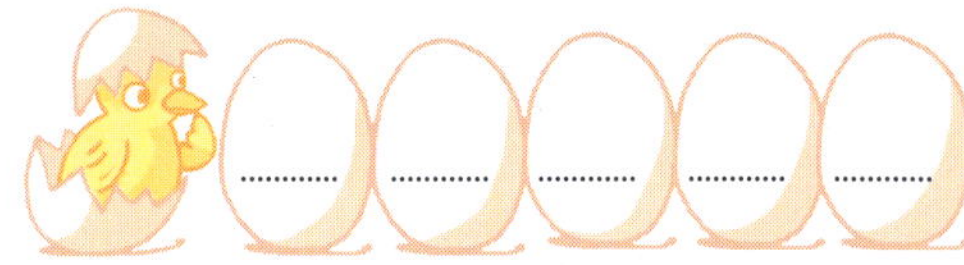

Découvrons ensemble

Théo possède 92 jetons. **Écris** ce nombre dans le tableau, puis **complète**.

92 = ... dizaines ...... unités

92 = 10 + 10 + ...

92 = 90 + ...

dizaine	unité
d	u
....	....

Entoure ses 92 jetons.

Léa possède ces jetons :

Utilise le tableau pour trouver le nombre de jetons de Léa.

Léa possède ...... d ...... u = ... jetons.

dizaine	unité
d	u
....	....

Décompose ce nombre. .... = ... + ...

Je m'entraîne

1 Complète selon l'exemple.

82 = 8 dizaines 2 unités
82 = 10 + 10 + 10 + 10 + 10 + 10 + 10 + 10 + 2

84 = ... dizaines ...... unités

84 = ...

91 = ... dizaines ...... unités

91 = ...

2 Complète selon l'exemple.

87	8 d 7 u	80 + 7
95	...... d ...... u	....
....	8 d 9 u	....
....	...... d ...... u	90 + 3
....	5 u 8 d	....

3 Entoure les 3 poissons du même nombre.

4 Problème : Avec des cartes de 10 points, Mélissa a obtenu 80 points.
Combien de cartes possède-t-elle ?

Mélissa possède .... cartes.

Compétences : Connaître des décompositions additives des nombres inférieurs à 100.
Calcul mental : Somme de dizaines entières (< 80). L'enseignant dit : « 20 + 30 = ... » ; l'élève écrit 50.

Photofiche A7

37 Comparer les nombres jusqu'à 99

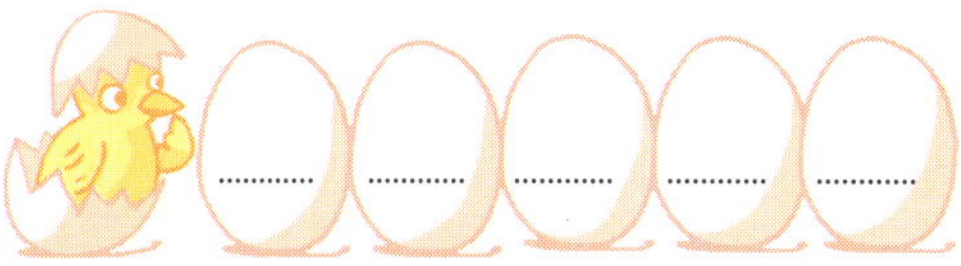

Découvrons ensemble

Théo compare les nombres 84 et 78.

Complète.

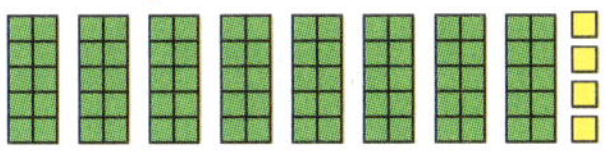

84 = 80 + 4

84 possède ...... dizaines.

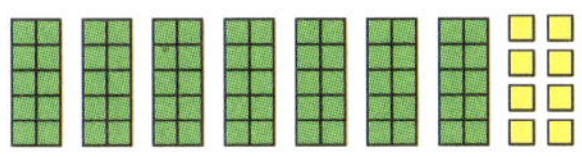

78 = 70 + 8

78 possède ...... dizaines.

.... *est plus grand que* ....

Léa compare les nombres 94 et 99.

Complète.

94 = 90 + 4

94 possède ...... dizaines et .... unités.

99 = 90 + 9

99 possède ...... dizaines et ...... unités.

.... *est plus grand que* ....

Range ces nombres du plus petit au plus grand. .... < .... < .... < ....

Je m'entraîne

1 **Écris** le nombre de jetons de chaque collection.

Range ces nombres du plus petit au plus grand. .... < .... < ....

2 **Entoure** le plus grand des 2 nombres.

3 **Range** ces nombres du plus grand au plus petit.

70	85	91	80

.... > .... > .... > ....

4 **Complète** avec les nombres : 96 ; 80 ; 92.

Le coin du chercheur

Tu obtiendras une égalité en déplaçant un bâtonnet.
Barre-le et dessine-le à sa place.

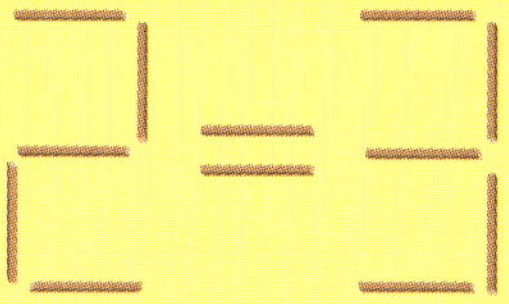

5 **Calcule.**

20 + 40 = ... | 20 + 10 = ... | 30 + 30 = ...

Compétences : Comparer, ordonner, intercaler les nombres inférieurs à 100.

Calcul mental : Ajouter 20 (somme < 80). L'enseignant dit : « 36 + 20 = ... » ; l'élève écrit 56.

38 Identifier des figures planes

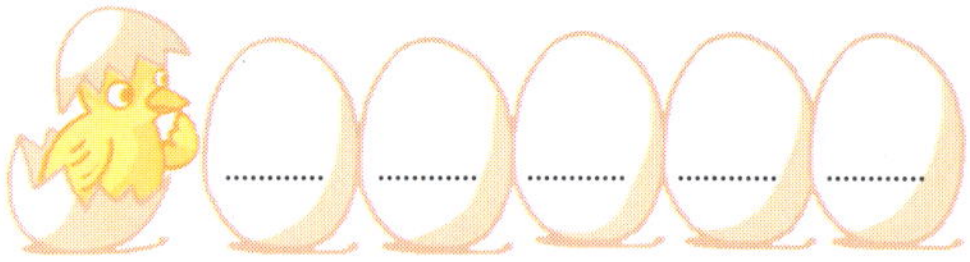

Découvrons ensemble

Observe.

Complète.

Les figures jaunes sont des .... :

elles ont ...... côtés et ...... sommets.

Les figures bleues sont des quadrilatères :

elles ont ...... côtés et ...... sommets.

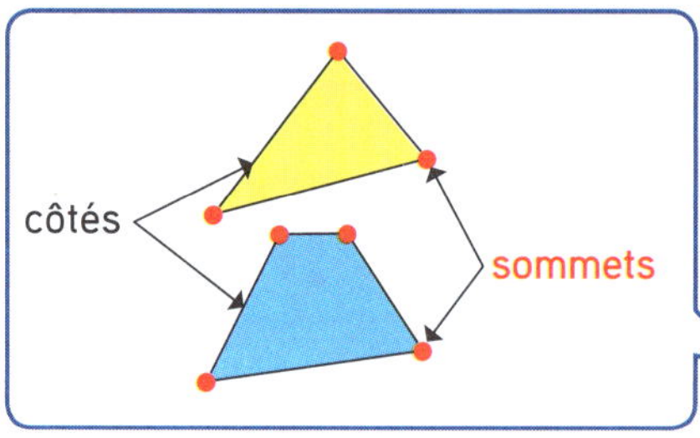

Colorie les autres triangles en jaune et les autres quadrilatères en bleu.

Certaines figures ne seront pas coloriées.

Je m'entraîne

1 **Colorie** les triangles en jaune et les quadrilatères en bleu.

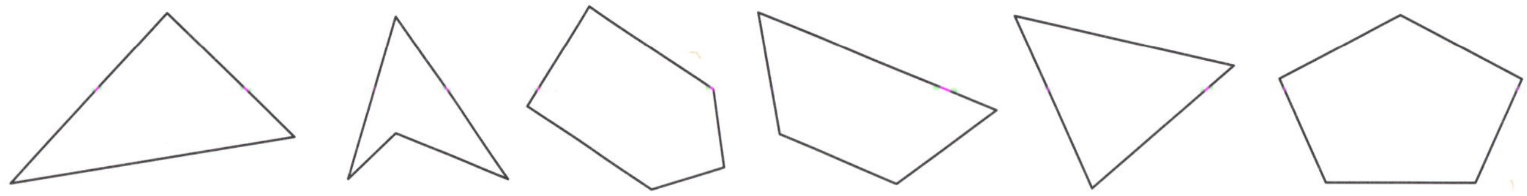

2 **Barre** l'intrus.

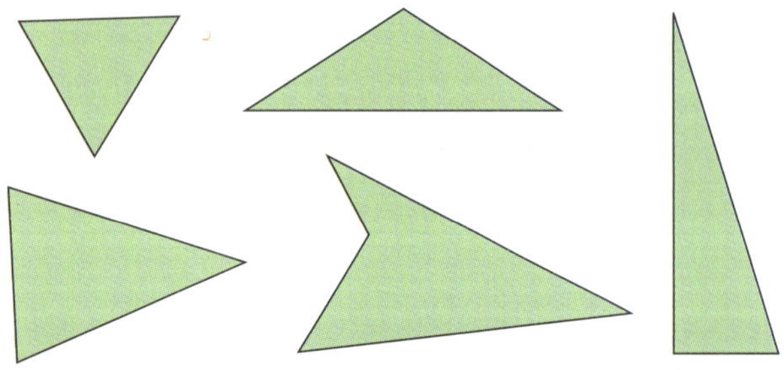

3 **Observe** et **complète**.

Cette figure a :

...... côtés et ...... sommets.

C'est un ....

Compétence : Identifier des triangles et des quadrilatères parmi d'autres polygones.

Calcul mental : Ajouter des unités à des multiples de 10. L'enseignant dit : « 40 + 6 » ; l'élève écrit 46.

39 Construire des triangles

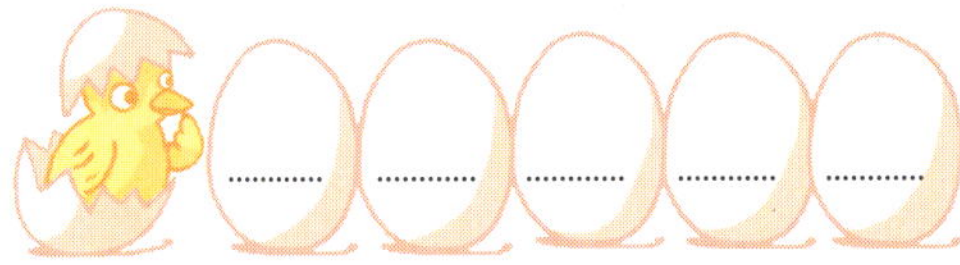

Découvrons ensemble

Termine ce triangle.

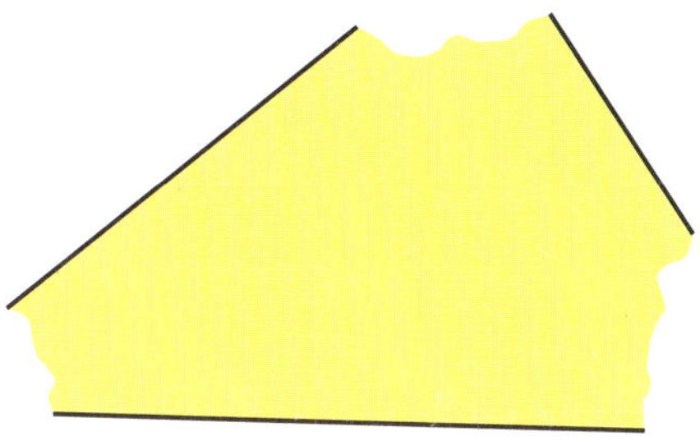

Dessine un point rouge sur chaque sommet.

Trace deux triangles. Leurs sommets sont sur des points rouges.

Je m'entraîne

1 **Termine** ce triangle.

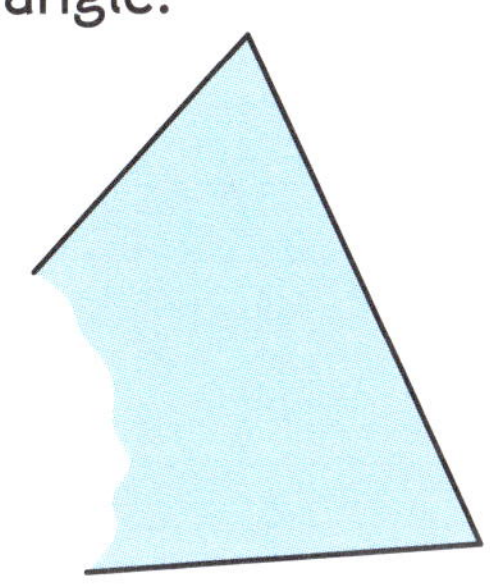

2 Théo a voulu construire un triangle. A-t-il réussi ?

☐ oui ☐ non

Corrige son dessin.

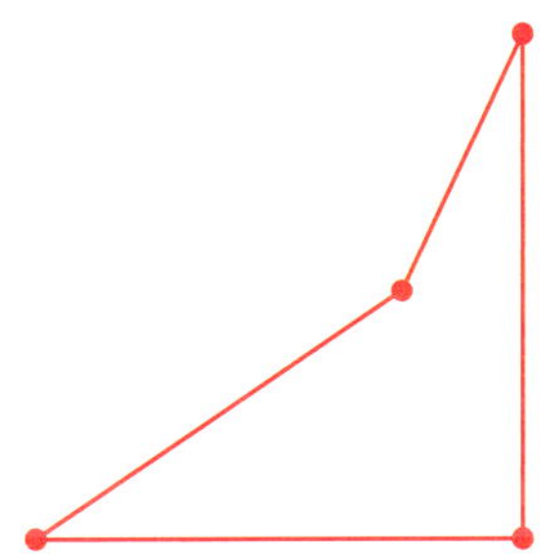

3 Léa a tracé le premier côté d'un triangle. **Termine** ce triangle.

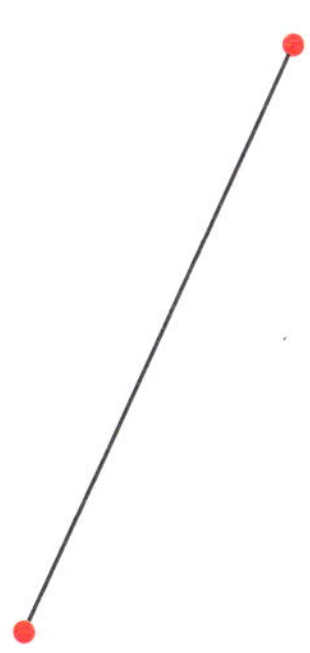

4 **Problème :** En traçant seulement un trait bleu, **partage** ce quadrilatère en un triangle et un quadrilatère.

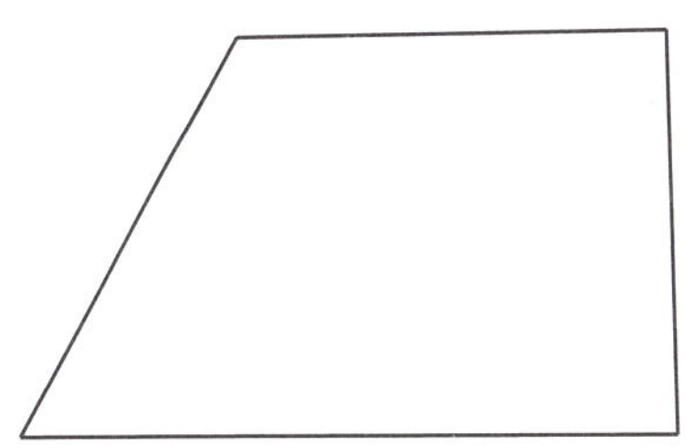

5 **Complète** la case d'arrivée de Rainette.

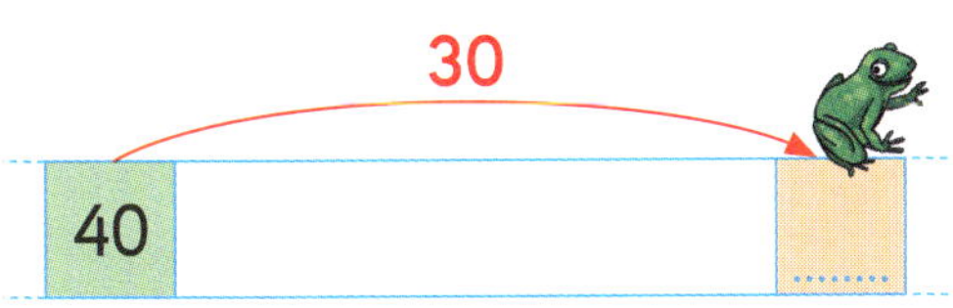

Le coin du chercheur

Écris les nombres qui manquent :

21	25	29	....	....	41

Compétence : Construire des triangles à partir des sommets ou des côtés.

Calcul mental : Ajouter des unités à des multiples de 10. L'enseignant dit : « 70 + 5 » ; l'élève écrit 75.

40 Calcul réfléchi : Additionner 2 nombres de 2 chiffres (2)

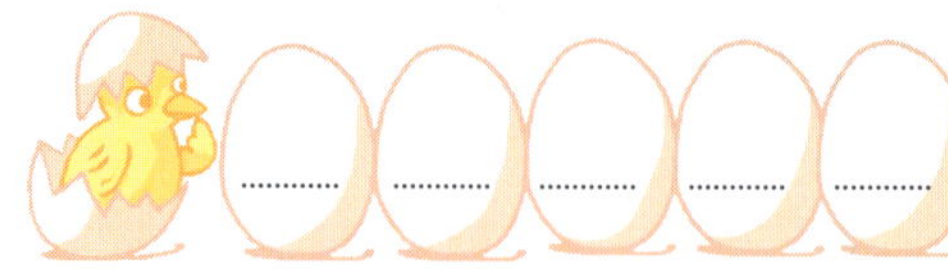

Découvrons ensemble

Théo calcule 24 + 35.
Observe et **complète**.

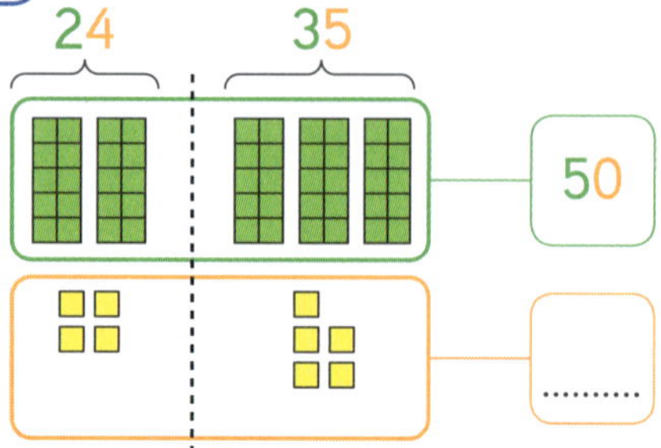

24 + 35 = 20 + 30 + 4 + 5

24 + 35 = ... + ...

24 + 35 = ...

Léa calcule 24 + 17.
Observe et **complète**.

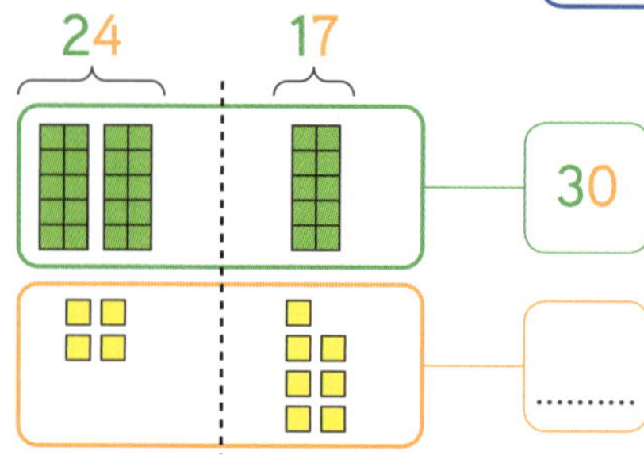

24 + 17 = 20 + 10 + 4 + 7

24 + 17 = ... + ...

24 + 17 = ...

Je m'entraîne

1 Calcule.

22 + 36 = 20 + 30 + 2 + 6

22 + 36 = ... + ...

22 + 36 = ...

37 + 45 = 30 + 40 + 7 + 5

37 + 45 = ... + ...

37 + 45 = ...

2 Observe et **calcule** selon l'exemple.

36 + 21 = 30 + 20 + 6 + 1 = 57

32 + 25 = 30 + 20 + ... + ... = ...

26 + 42 = ...

28 + 35 = ...

36 + 25 = ...

46 + 18 = ...

3 Problème : Kamel livre 26 colis le matin. Il livre 32 colis l'après-midi.
En un jour, combien de colis Kamel a-t-il livrés en tout ?

.... = ...

En un jour, Kamel a livré .... colis.

Compétence : Additionner en ligne 2 nombres de 2 chiffres.
Calcul mental : Compter de 10 en 10 (nombres < 80). L'enseignant dit : « 43 ; 53 ; 63 » ; l'élève écrit 73.

41 Calculer le double d'un nombre

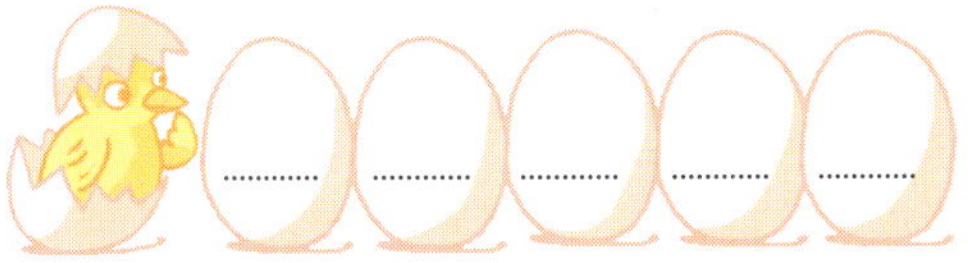

Découvrons ensemble

Observe et **complète**.

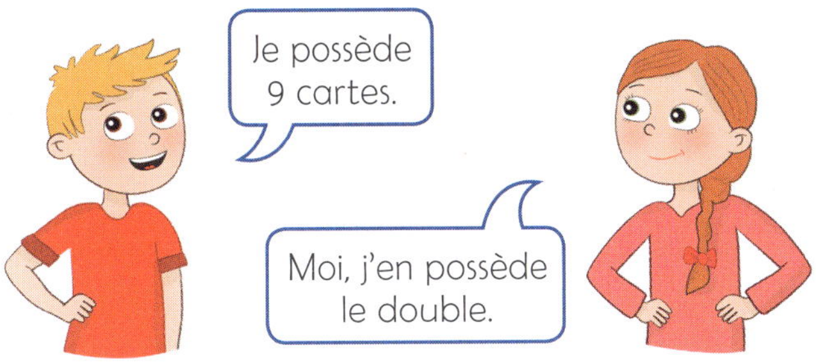

Combien de cartes Léa possède-t-elle ?

Le double de 9, c'est 9 + ... = ...

Léa possède .... cartes.

Combien de cartes Mélissa possède-t-elle ?

Le double de 30, c'est 30 + ... = ...

Mélissa possède .... cartes.

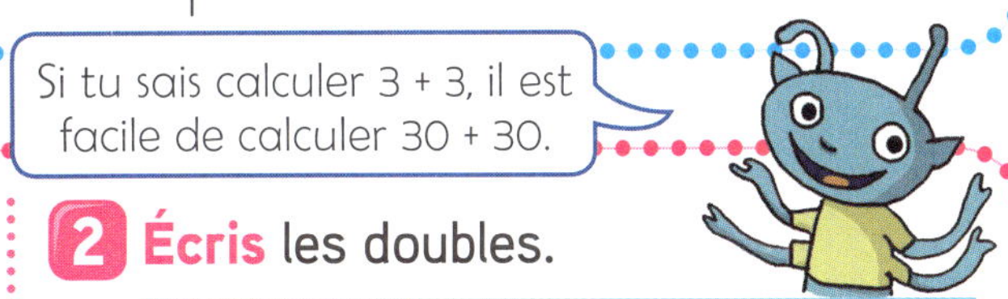

Je m'entraîne

1 **Écris** les doubles.

Nombres	5	6	8	12	15
Doubles	....	....	....	....	....

2 **Écris** les doubles.

Nombres	30	10	20	40
Doubles	....	....	....	....

3 **Problème :** Théo a ramassé 16 champignons.
Léa en a ramassé le double.
Combien de champignons
Léa a-t-elle ramassés ?

.... = ...

Léa a ramassé .... champignons.

4 **Calcule.**

30 + 20 = ...
30 + 24 = ...

50 + 10 = ...
50 + 17 = ...

20 + 20 = ...
20 + 25 = ...

Le coin du chercheur

Colorie le ballon de Théo.

Compétence : Connaître les doubles des nombres d'usage courant.

Calcul mental : Écrire le plus grand de trois nombres de 2 chiffres. L'enseignant dit : « 89, 98, 78 » ; l'élève écrit 98.

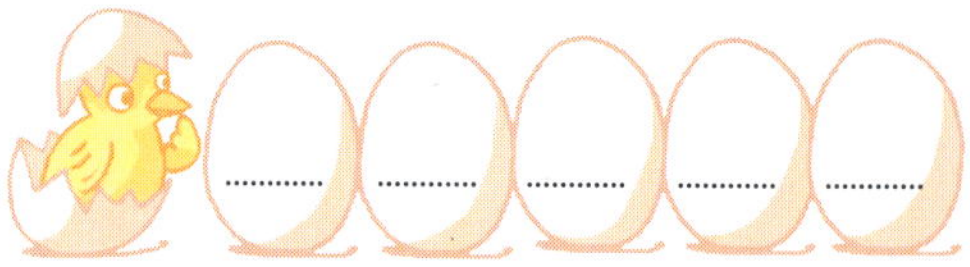

42 Le nombre 100

Découvrons ensemble

Léa possède 99 jetons. Théo lui donne 1 jeton.
Combien de jetons Léa possède-t-elle maintenant ?

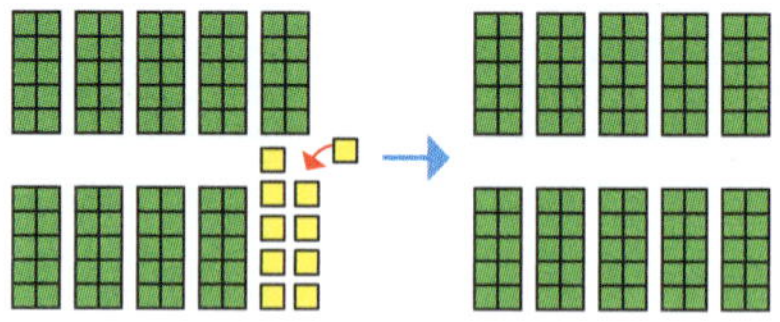

99 + 1 = 100

Complète.

99 + 1 = ...

Maintenant, Léa possède .... jetons.

Complète. 100 = ... paquets de 10 | 100 = ... dizaines | 100 = ... unités

Dessine les barres dizaines qui manquent pour faire 100, puis **complète**.

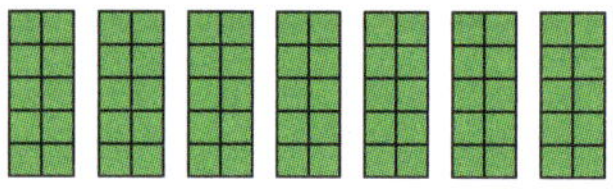

70 + ... = 100

60 + ... = 100

Je m'entraîne

1 Quel est le nombre de crayons ?

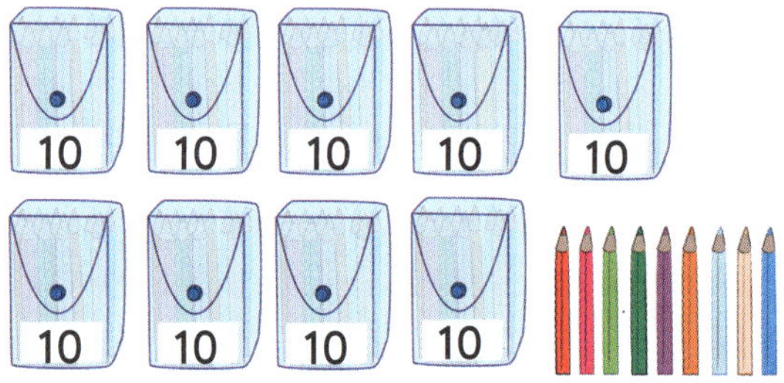

Il y a .... crayons.

Mélissa ajoute 1 crayon.

Il y a alors .... crayons.

2 Colorie les moutons qui peuvent entrer dans la bergerie du 100.

3 Problème

Mélissa possède 80 €.
Combien lui manque-t-il pour acheter cette trottinette électrique ?

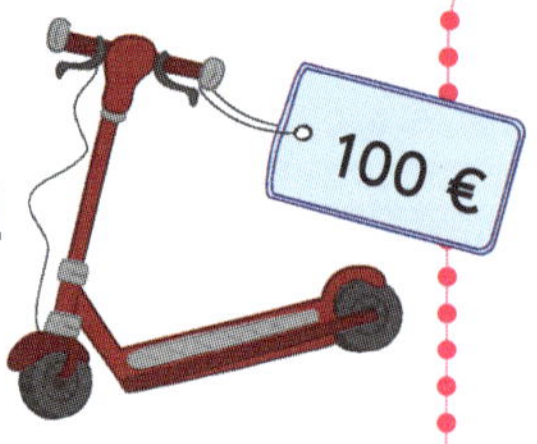

Il lui manque .... €.

4 Complète le dé de Rainette.

Compétence : Connaître le nombre 100 et ses écritures additives.
Calcul mental : Double d'un nombre. L'enseignant dit : « 6 » ; l'élève écrit 12.

43 Échanger « dix dizaines contre une centaine » (1)

Découvrons ensemble

Observe le nombre de jetons de Théo. Combien a-t-il de dizaines ? ......
Il échange chaque paquet de 10 dizaines contre 1 centaine.

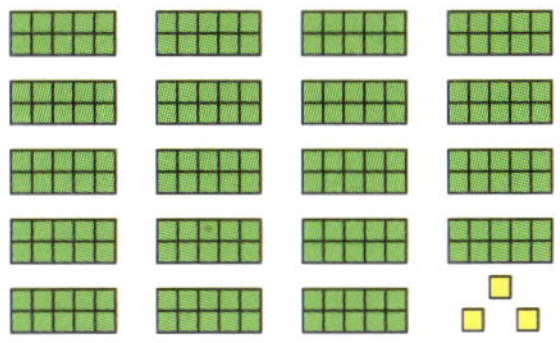

Règle d'échange

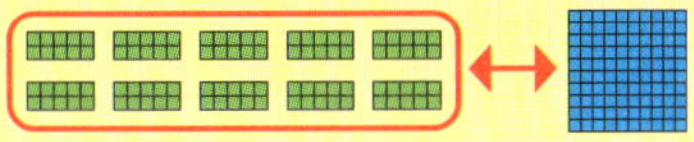

10 dizaines = 1 centaine = 100

Combien de centaines obtient-il ? ......

Combien de dizaines reste-t-il ? ......

Combien d'unités reste-t-il ? ......

MATÉRIEL A

Complète.

centaine	dizaine	unité
c	d	u
....	....	....

Théo possède .... jetons.

Léa possède 104 jetons.

Écris ce nombre dans le tableau.

centaine	dizaine	unité
c	d	u
....	....	....

Dans le nombre 104 :

– quel est le chiffre des centaines ? ......

– quel est le chiffre des dizaines ? ......

– quel est le chiffre des unités ? ......

Je m'entraîne

1 **Écris** le nombre de jetons de Louis.

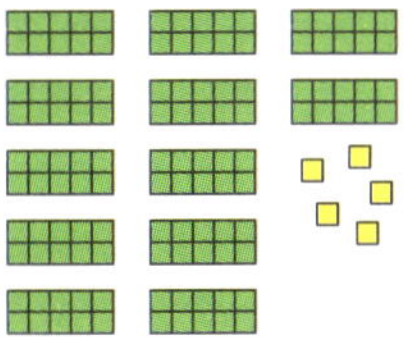

centaine	dizaine	unité
c	d	u
....	....	....

Louis possède .... jetons.

2 Mélissa possède 150 €.
Écris ce nombre dans le tableau, puis **complète**.

centaine	dizaine	unité
c	d	u
....	....	....

Dans 150,
le chiffre des unités est ......,
le chiffre des dizaines est ......,
le chiffre des centaines est ....

Le coin du chercheur

Le premier est aussi avant-dernier.
Combien y a-t-il de coureurs ?

Il y a .... *coureurs.*

Compétence : Utiliser les notions de « centaines », « dizaines » et « unités » pour écrire des nombres.
Calcul mental : Calculer avec les doubles d'un nombre. L'enseignant dit : « 6 + 6 », puis « 6 + 7 » ; l'élève dit « 12 », puis écrit 13.

Photofiches S18 et A9

44 Lire, écrire, décomposer les nombres jusqu'à 199

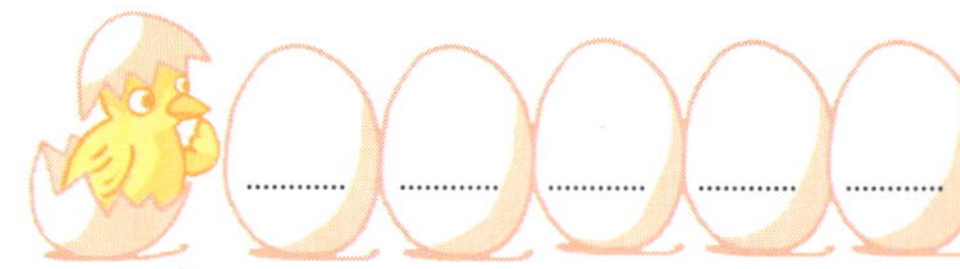

Découvrons ensemble

Mélissa écrit le nombre d'enveloppes dans le tableau.
Elle lit ce nombre :

cent quarante-deux

centaine	dizaine	unité
c	d	u
1	4	2

Je lis d'abord les centaines : « **cent** », puis le nombre de deux chiffres qui suit « **quarante-deux** ».

Complète. 142 = ... c ...... d ...... u

142 = ... + ... + ...

Colorie de la même couleur les étiquettes du même nombre.

cent dix-huit | cent | cent deux | cent vingt

100 | 120 | 118 | 102

Je m'entraîne

1 Colorie les étiquettes qui correspondent au nombre de jetons.

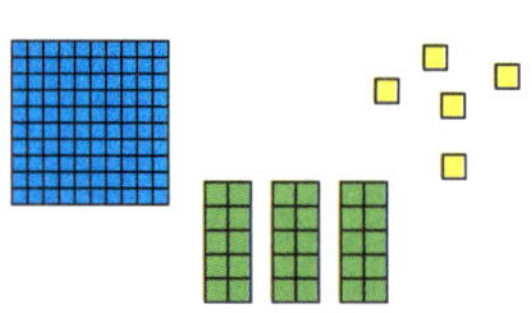

513 | 315 | 135 | trois cent quinze

cinq cent treize | cent trente-cinq

2 Écris le nombre de crayons.

...... c ...... d ...... u = ...

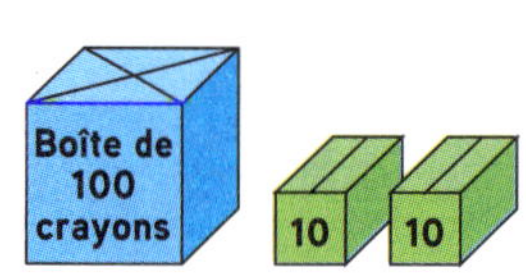

...... c ...... d ...... u = ...

Attention : certains nombres comportent des zéros !

3 Complète selon l'exemple.

156 = 1 c 5 d 6 u
156 = 100 + 50 + 6

143 = ... c ...... d ...... u
143 = ... + ... + ...

170 = ... c ...... d ...... u
170 = ... + ...

109 = ... c ...... d ...... u
109 = ... + ...

Compétences : Dénombrer des collections organisées. Lire, écrire, décomposer les nombres inférieurs à 200.
Calcul mental : Ajouter un petit nombre sans passage de la dizaine. L'enseignant dit : « 24 + 5 » ; l'élève écrit 29.

45 Mesurer une longueur par report de l'unité

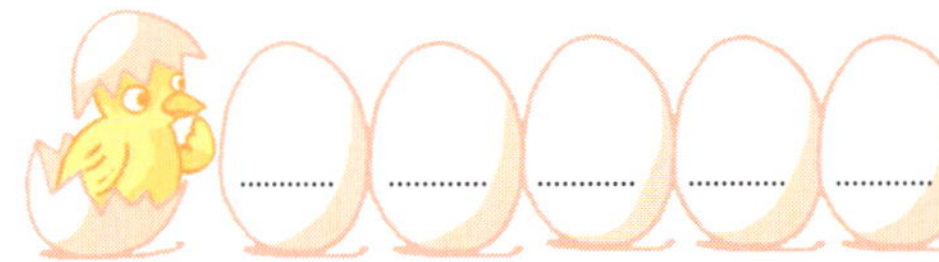

Découvrons ensemble

MATÉRIEL B

Théo et Léa mesurent la longueur du segment violet en plaçant leurs pieds bout à bout.

Utilise les unités **u** et **v** de la page matériel et **complète**.

Théo trouve ...... u.

Léa trouve ...... v.

Pourquoi ne trouvent-ils pas la même mesure ?

....

Trace un segment vert de longueur 3 **u** et un segment rouge de longueur 4 **v**.

Je m'entraîne

1 **Mesure** avec l'unité **u**, puis avec l'unité **v** et **complète**.

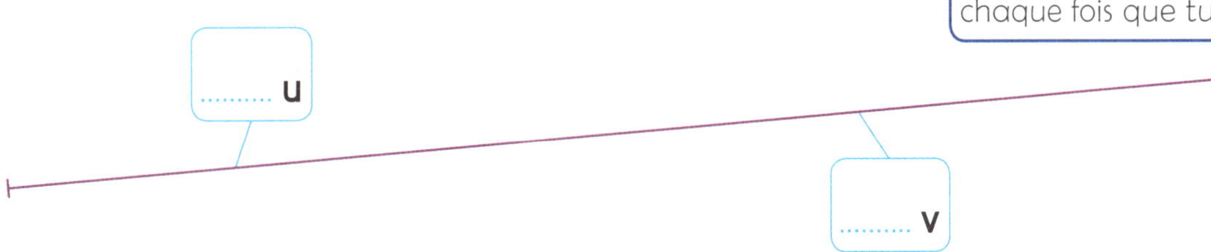

Fais une marque sur le segment chaque fois que tu reportes l'unité.

2 **Trace** un segment vert de longueur 5 **u** et un segment rouge de longueur 5 **v**.

Ont-ils la même longueur ? ☐ *oui* ☐ *non*

3 **Problème**

Rainette fait un premier saut de longueur 8 **u** puis un second saut de longueur 8 **v**.

Quel est le saut le plus long ?

☐ *Le premier saut.* ☐ *Le second saut.*

Le coin du chercheur

Combien de triangles comptes-tu ? ....

Compétences : Mesurer une longueur avec une unité arbitraire. Découvrir que la mesure dépend de l'unité choisie.

Calcul mental : Ajouter un petit nombre avec passage de la dizaine. L'enseignant dit : « 18 + 3 » ; l'élève écrit 21.

46 Problèmes : Jeu du chapeau (2)

Au départ, combien de points avais-tu sous le chapeau ?

= 1 point
= 10 points

1

J'ajoute ……… points. J'obtiens ……… points.

Au départ, sous le chapeau, il y avait ……… jeton vert et ……… jetons jaunes.

Donc j'avais ……… points.

2

Je retire ……… points. J'obtiens ……… points.

Au départ, sous le chapeau, il y avait ……… jetons verts et ……… jetons jaunes.

Donc j'avais ……… points.

3

J'ajoute ……… points. J'obtiens ……… points.

Au départ, sous le chapeau, il y avait ……… jeton vert et ……… jetons jaunes.

Donc j'avais ……… points.

Compétences : Résoudre des situations additives ou soustractives : recherche de l'état initial. Renforcer la compréhension de la numération décimale de position.

Calcul mental : Ajouter un multiple de 10 (somme < 100). L'enseignant dit ou montre : « 54 + 20 » ; l'élève écrit 74.

Photofiche P4

47 Problèmes : Situations additives ou soustractives (3)

1

Le car transporte des élèves.

À l'arrêt, 5 élèves descendent.

Le car repart avec 17 élèves.

Avant l'arrêt, combien d'élèves le car transportait-il ?

Imagine que les 5 élèves remontent dans le car.

Écris l'opération et **calcule**. .... = ...

Complète la phrase réponse. *Avant l'arrêt, le car transportait .... élèves.*

2

Le car transporte des élèves.

À l'arrêt, 6 élèves montent.

Le car repart avec 19 élèves.

Avant l'arrêt, combien d'élèves le car transportait-il ?

Imagine que les 6 élèves redescendent du car.

Écris l'opération et **calcule**. .... = ...

Complète la phrase réponse. *Avant l'arrêt, le car transportait .... élèves.*

3

L'aquarium contient des poissons.

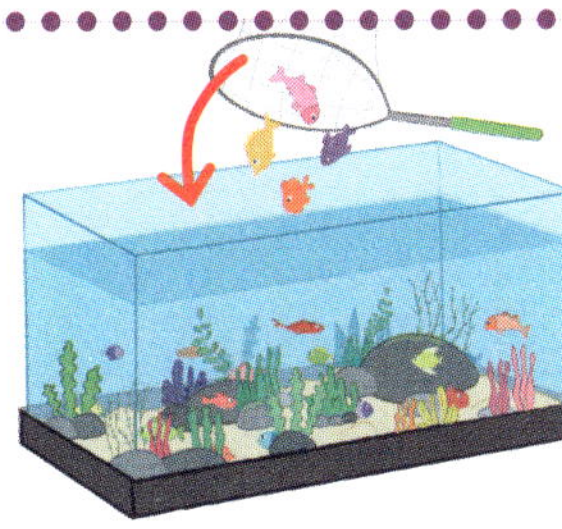

On ajoute 4 poissons.

L'aquarium contient 24 poissons.

Combien de poissons cet aquarium contenait-il au départ ?

.... = ... *Cet aquarium contenait .... poissons.*

Compétence : Trouver la valeur de l'état initial dans une situation de transformation d'état.
Calcul mental : Double de dizaines entières. L'enseignant dit : « double de 3 » puis « double de 30 » ; l'élève dit « 6 », puis écrit 60.

48 J'ai compris et je retiens (3)

Je décompose les nombres jusqu'à 99.

70 + 3 ; 60 + 13 → 73

80 + 4 ; 8 d 4 u → 84

90 + 5 ; 80 + 15 → 95

69	70	71	72	73	74	75	76	77	78	79	80	81	82	83	84	85	86	87	88	89	90	91	92	93	94	95	96	97	98	99	100

J'encadre un nombre entre 2 dizaines.

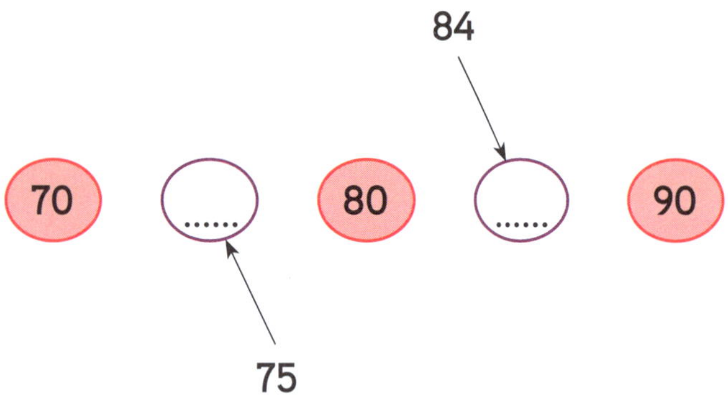

Je décompose le nombre 100.

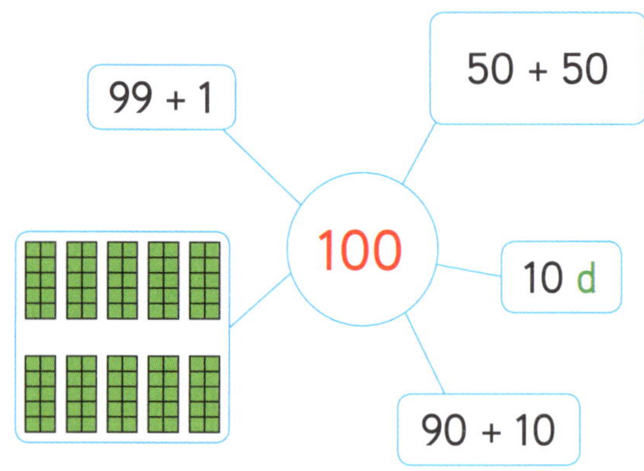

Je calcule.

24 + 35

24 + 35 = 20 + 30 + 4 + 5
= 50 + 4 + 5
= 50 + 9
= 59

24 + 17

24 + 17 = 20 + 10 + 4 + 7
= 30 + 4 + 7
= 30 + 11
= 41

Je reconnais un quadrilatère et un triangle.

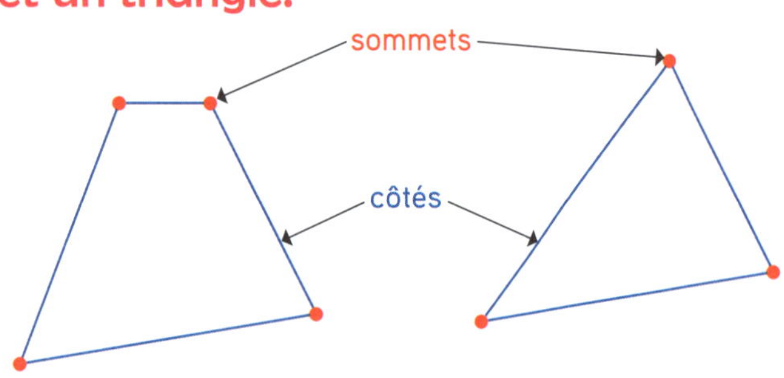

Quadrilatère :
- 4 sommets ;
- 4 côtés.

Triangle :
- 3 sommets ;
- 3 côtés.

Je mesure une longueur.

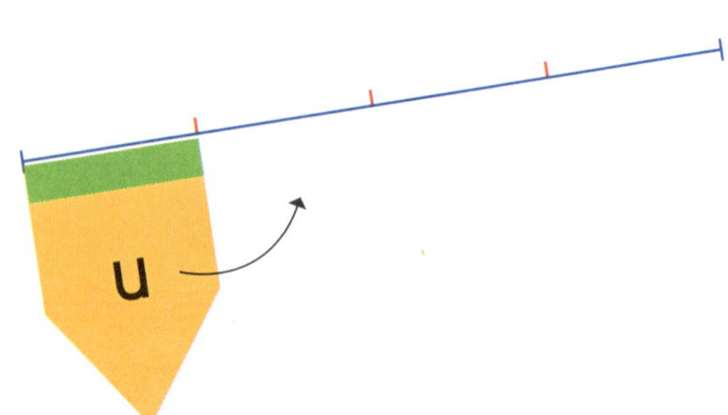

Le segment bleu mesure 4 u.

49 Je fais le point (3)

SOCLE COMMUN

1 **Observe** et **complète**.

67	6 dizaines 7 unités	60 + 7
72	...... dizaines ...... unités	....
....	7 dizaines 6 unités	....
83	...... dizaines ...... unités	....
....	7 unités 9 dizaines	....

Décomposer un nombre en dizaines et unités.

2 **Complète**.

70 = 60 + ...

74 = 60 + ...

90 = 80 + ...

95 = 80 + ...

Connaître la décomposition des nombres.

3 **Entoure** en vert le plus grand nombre de chaque drapeau et en bleu le plus petit.

90 89

68 96

Comparer des nombres.

4 **Range** ces nombres du plus grand au plus petit.

92 97 79 82

.... > .... > .... > ....

Ordonner des nombres.

5 **Écris** les doubles.

double de 9 : ....

double de 30 : ....

double de 15 : ....

double de 20 : ....

Connaître les doubles.

6 **Relie** les étiquettes.

cent vingt	102
cent deux	120
cent	132
cent trente-deux	100

Connaître l'écriture en lettres d'un nombre de 3 chiffres.

7 **Complète** pour avoir 100.

100 = 99 + ...

100 = 50 + ...

100 = 90 + ...

100 = 80 + ...

Connaître les compléments à 100.

8 **Entoure** les quadrilatères.

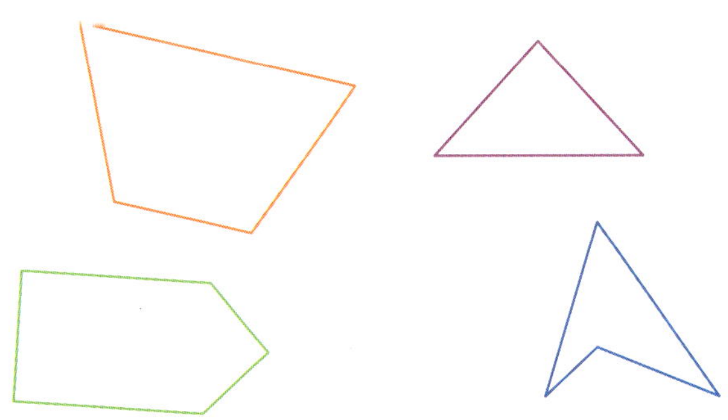

Identifier des quadrilatères parmi d'autres polygones.

9 **Trace** 2 triangles. Leurs sommets sont sur des points rouges.

Tracer des triangles.

Photofiche S20

50 Échanger « dix dizaines contre une centaine » (2)

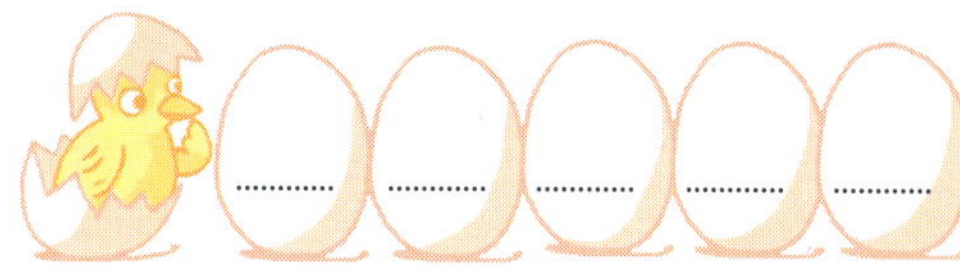

Découvrons ensemble

Observe les jetons de Théo.
Il échange chaque paquet de 10 dizaines contre 1 centaine. **Complète.**

MATÉRIEL A

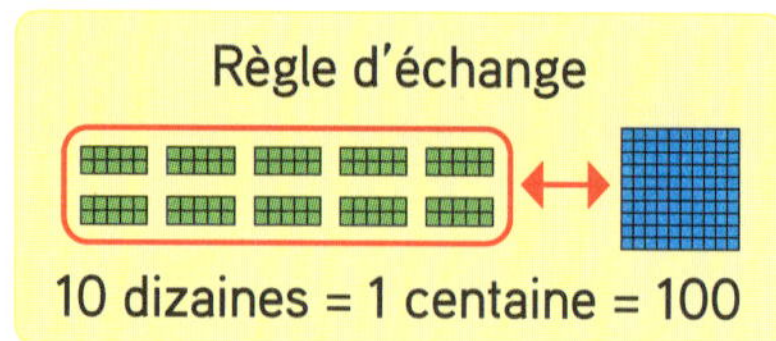

centaine	dizaine	unité
c	d	u
....	....	....

Combien de centaines obtient-il ? ......

Combien de dizaines reste-t-il ? ......

Combien d'unités reste-t-il ? ......

Théo possède .... jetons.

Je m'entraîne

1 **Observe** les crayons.

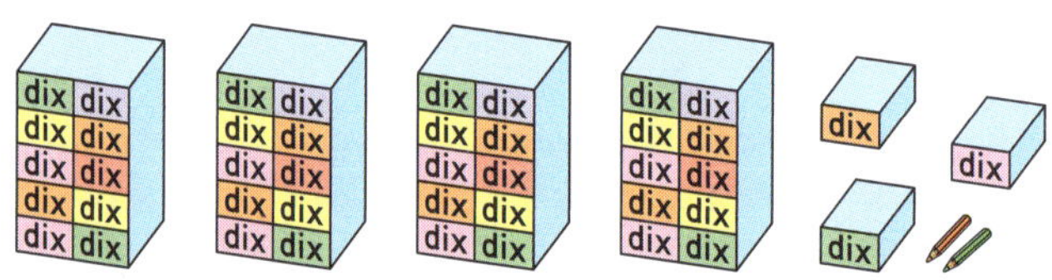

Combien y a-t-il de dizaines de crayons ? ......

.... dizaines = 10 dizaines + 10 dizaines + 10 dizaines + 10 dizaines + ... dizaines

.... dizaines = ... centaines .... dizaines

Combien de crayons reste-t-il ? ....

Utilise le tableau pour trouver le nombre total de crayons.

centaine	dizaine	unité
c	d	u
....	....	....

Il y a .... crayons.

2 **Problème**

Compte le nombre de dizaines de fauteuils que contient cette salle de spectacle, puis **complète**.

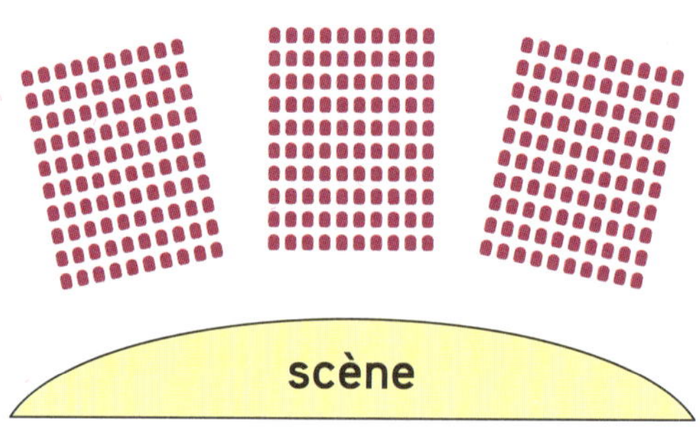

.... d = ... c

Cette salle contient .... fauteuils.

Compétence : Échanger dix dizaines contre une centaine pour les nombres inférieurs à 500.
Calcul mental : Dictée de nombres (nombre < 100). L'enseignant dit : « 74 » ; l'élève écrit 74.

Photofiche S21

51 Construire la droite graduée

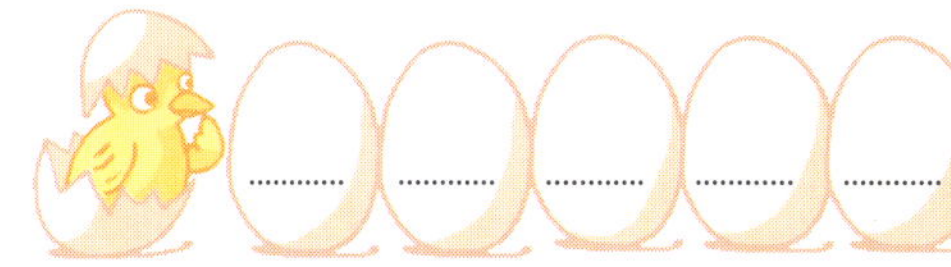

Découvrons ensemble

Observe et **complète**.

La droite graduée commence par zéro.

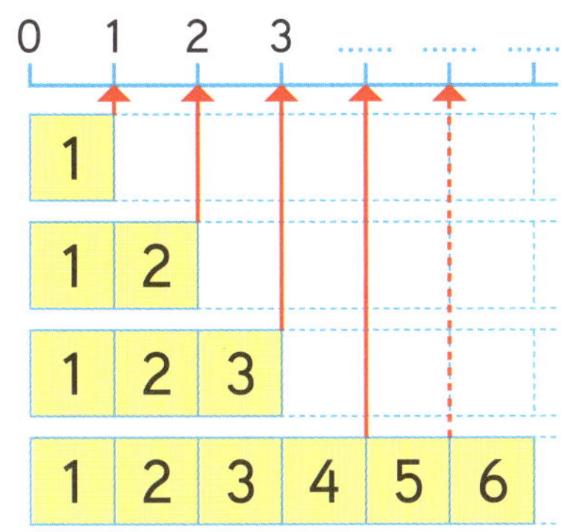

Sur la droite graduée, les nombres sont au-dessus des graduations. Dans la bande numérique, ils sont dans des cases.

Relie les étiquettes à la droite graduée ou **complète**-les.

3 6 12 18 22

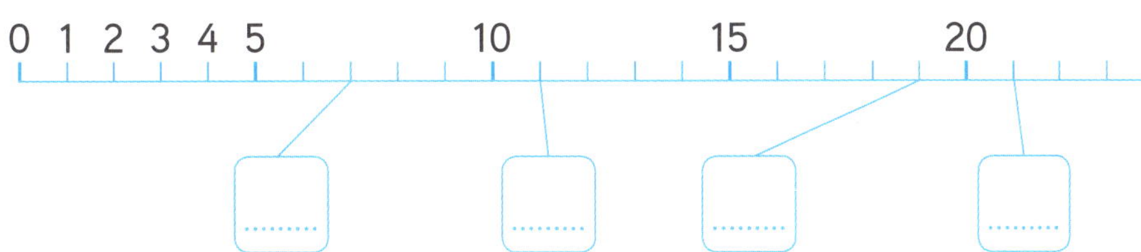

Sur la droite graduée, les nombres sont rangés du plus petit au plus grand.

Je m'entraîne

1 **Relie** ou **complète** les étiquettes.

48 51 64

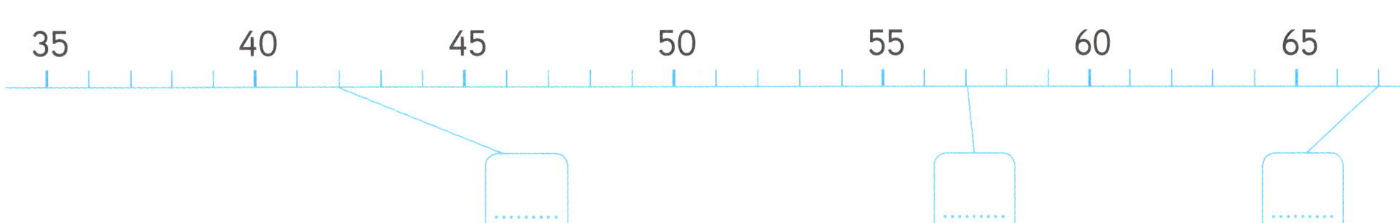

Range les 6 nombres des étiquettes du plus petit au plus grand.

.... < .... < .... < .... < .... < ....

2 **Problème**

Entoure : – en rouge la graduation 69 ;
– en bleu la graduation 69 + 10 ;
– en vert la graduation 69 – 10.

Le coin du chercheur

Barre un bâtonnet pour que l'égalité soit exacte.

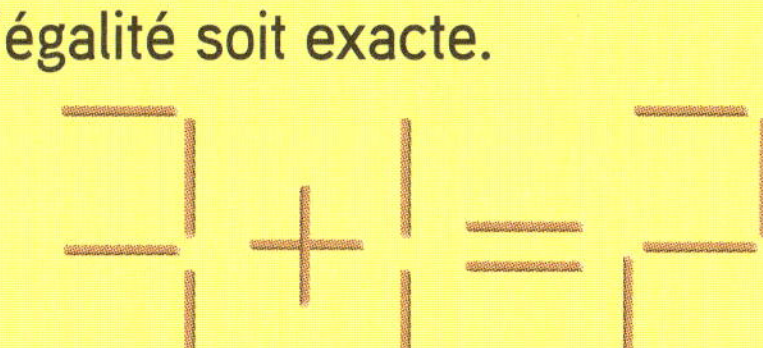

Compétence : Passer de la bande numérique à la droite graduée.
Calcul mental : Dictée de nombres (nombres < 100). L'enseignant dit : « 86 » ; l'élève écrit 86.

Photofiche S22

52 Lire, écrire, décomposer les nombres jusqu'à 499

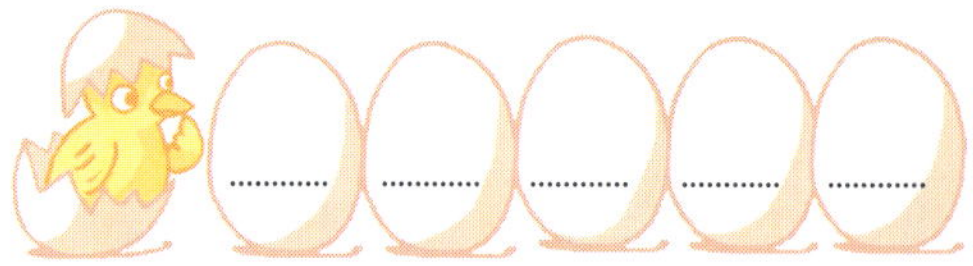

Découvrons ensemble

Mélissa écrit le nombre de feutres dans le tableau. Elle lit ce nombre :

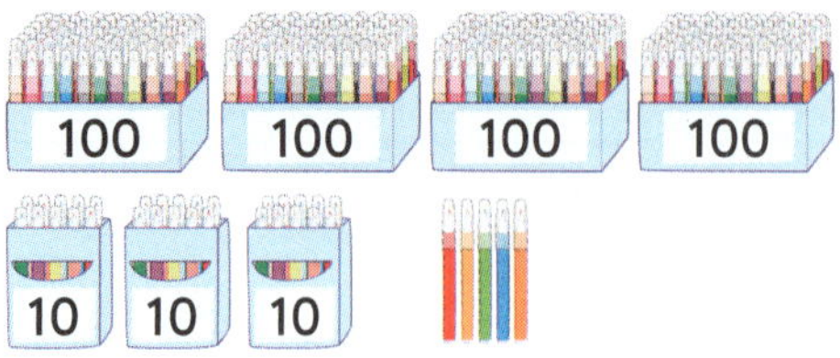

c	d	u
4	3	5

quatre cent trente-cinq

Je lis d'abord les centaines : « quatre cent », puis le nombre de deux chiffres qui suit « trente-cinq ».

Complète. 435 = ... c ...... d ...... u

435 = ... + ... + ...

Écris en chiffres. trois cent vingt-huit : .... ; quatre cent soixante-douze : ....

deux cent dix : .... ; trois cent neuf : .... ; quatre cent quatre-vingts : ....

Je m'entraîne

1 **Colorie** les étiquettes qui correspondent au nombre de jetons.

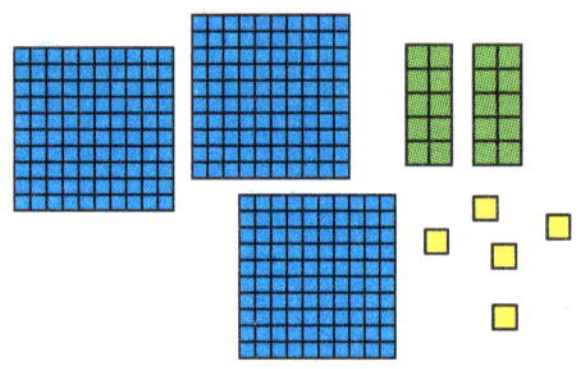

523 | 325 | 235 | trois cent vingt-cinq

cinq cent vingt-trois | deux cent trente-cinq

2 **Écris** le nombre d'enveloppes.

...... c ...... d ...... u = ...

...... c ...... d ...... u = ...

3 **Complète** le tableau.

364	3 c 6 d 4 u	300 + 60 + 4
243	..... c ..... d ..... u	....
....	3 c 8 d	....
....	4 c 8 u	....

4 **Problème**

Relie chaque voiture à son pilote.

Compétences : Dénombrer des collections organisées. Lire, écrire, décomposer les nombres inférieurs à 500.

Calcul mental : Écrire le plus grand de deux nombres (nombres < 100). L'enseignant dit : « 83 ; 92 » ; l'élève écrit 92.

Photofiche A10

53 S'orienter dans l'espace

Découvrons ensemble

Observe le dessin de la classe de Léa, Théo et Mélissa.

Qui est derrière John ? ....

Qui est devant Julie ? ....

Qui est entre Léa et Lucas ? ....

Qui est à droite de Léa ? ....

La maîtresse passe entre Léa et Hugo, puis derrière Mélissa et Malik et va s'asseoir à son bureau. **Trace** son trajet en **noir**.

Je m'entraîne

1 **Observe** le dessin.

Qui est à gauche de Léa ? ....

Qui est devant Marion ? ....

2 **Barre** ce qui est faux.

L'horloge est *au-dessus* *au-dessous* du tableau.

La maîtresse est *derrière* *devant* Léa.

Malik est *à droite* *à gauche* de Mélissa.

3 La maîtresse passe entre Lucas et Hugo, puis va voir Marion.
Trace son trajet en vert.

Compétence : S'orienter dans l'espace.

Calcul mental : Écrire le précédent (nombres < 200). L'enseignant dit : « 190 » ; l'élève écrit 189.

54 L'addition posée sans retenue

Découvrons ensemble

Mélissa calcule 52 + 4 + 31 en posant l'opération.

Observe et **complète**.

	d	u
	5	2
+		4
+	3	1
=	....	....

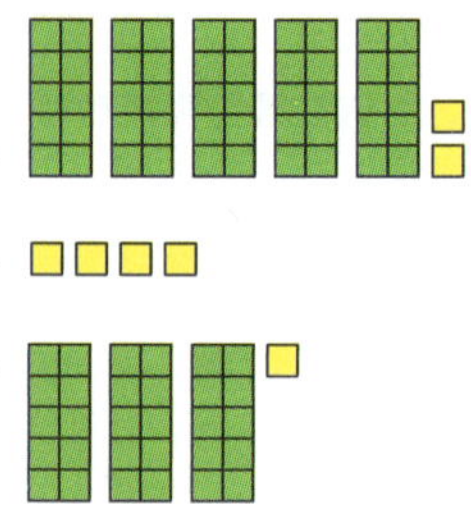

52 + 4 + 31 = ...

Je m'entraîne

1 **Calcule.**

	d	u
	1	2
+	7	4
+		3
=	....	....

12 + 74 + 3 = ...

	d	u
	5	2
+	1	4
+	3	1
=	....	....

52 + 14 + 31 = ...

	d	u
	5	3
+	3	2
+		4
=	....	....

53 + 32 + 4 = ...

2 **Pose** et **calcule.**

42 + 35 + 22

	d	u

41 + 6 + 12

	d	u

42 + 35 + 22 = ...

41 + 6 + 12 = ...

3 **Problème**

Calcule le nombre total de pommes.

.... = ...

Il y a .... pommes.

Compétence : Calculer une addition posée sans retenue.

Calcul mental : Écrire le plus petit de trois nombres (nombres < 100). L'enseignant dit : « 87, 98, 78 » ; l'élève écrit 78.

Photofiche S23

55 L'addition posée avec retenue

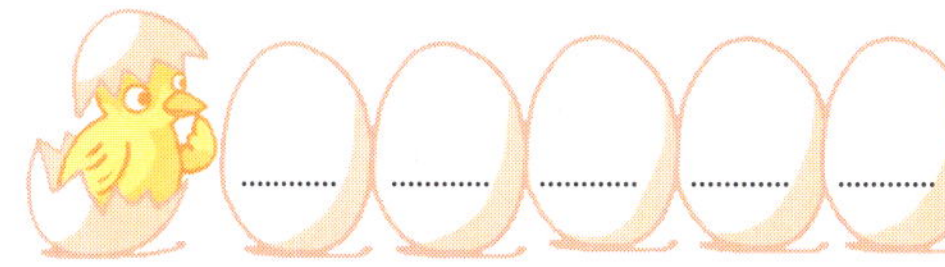

Découvrons ensemble

Théo calcule 34 + 28.

Complète le calcul de Théo.

	d	u
	(1)	
+	3	4
+	2	8
=	....	~~1~~2

34 + 28 = ...

Léa calcule 39 + 6 + 78.

Complète le calcul de Léa.

	c	d	u
	○	(2)	
		3	9
+			6
+		7	8
=	....	....	~~2~~3

39 + 6 + 78 = ...

Je m'entraîne

1 Calcule.

	d	u
	○	
+	1	8
+	2	9
=	....	....

18 + 29 = ...

	c	d	u
	○	○	
		6	7
+		2	8
+			9
=	....	....	....

67 + 28 + 9 = ...

	c	d	u
	○	○	
		3	7
+		2	3
+		4	9
=	....	....	....

37 + 23 + 49 = ...

2 Pose et calcule.

29 + 7 + 38

c	d	u

89 + 95 + 6

29 + 7 + 38 = ...

89 + 95 + 6 = ...

Le coin du chercheur

Sans lever ton crayon, relie ces six points en traçant deux traits droits.

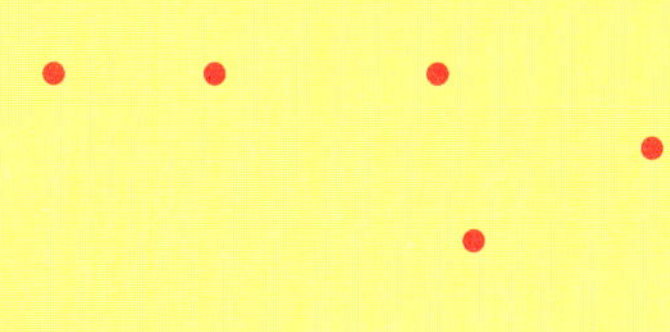

Compétence : Effectuer une addition posée avec retenue.

Calcul mental : Complément à 100 (dizaines entières). L'enseignant dit : « De 80 pour aller à 100 » ; l'élève écrit 20.

Photofiche A11

56 Construire et utiliser une règle graduée

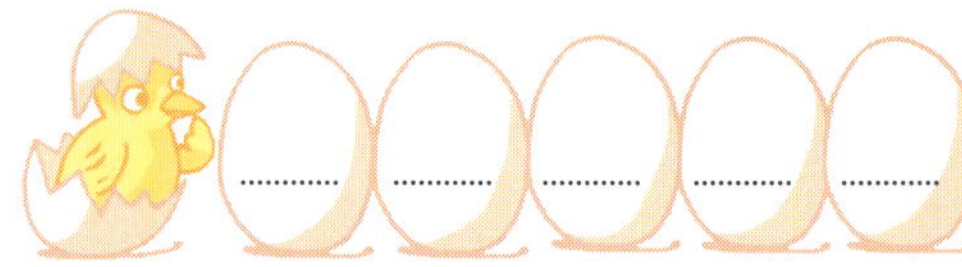

Découvrons ensemble

Comme Léa et Théo, **construis** une règle graduée en centimètres (cm).

Plie une feuille de papier. **Reporte** l'unité cm de la page matériel plusieurs fois sur le pli de la feuille.

MATÉRIEL B

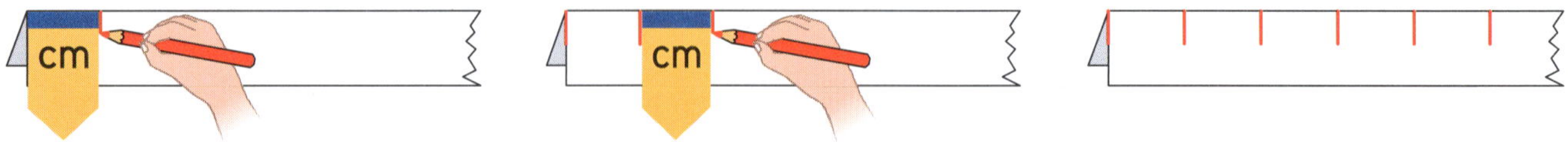

Écris les graduations comme sur la droite graduée.

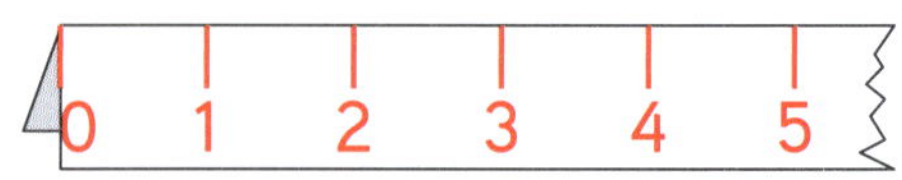

Léa et Théo ont mesuré la longueur du segment bleu.
L'un d'eux a fait une erreur. **Barre** la mesure fausse.

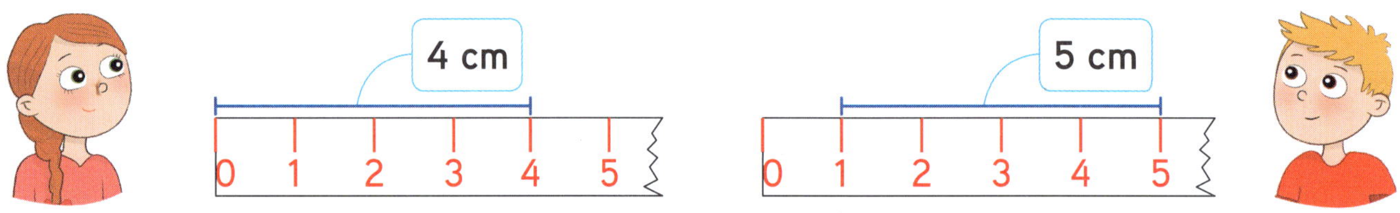

Avec ta règle, **mesure** la longueur du segment vert.

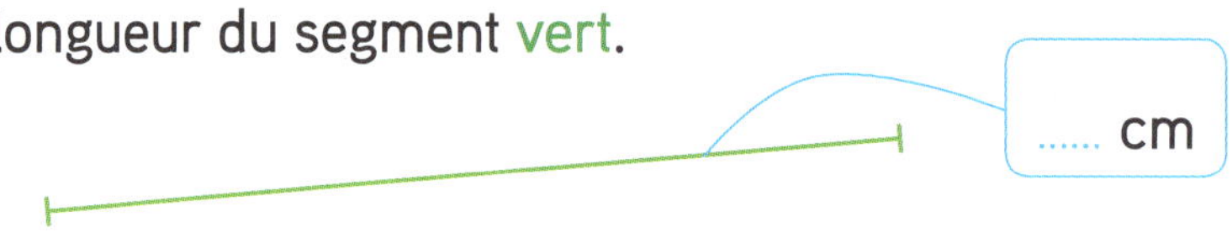

Je m'entraîne

MATÉRIEL B

1 **Mesure** la longueur de chaque segment.

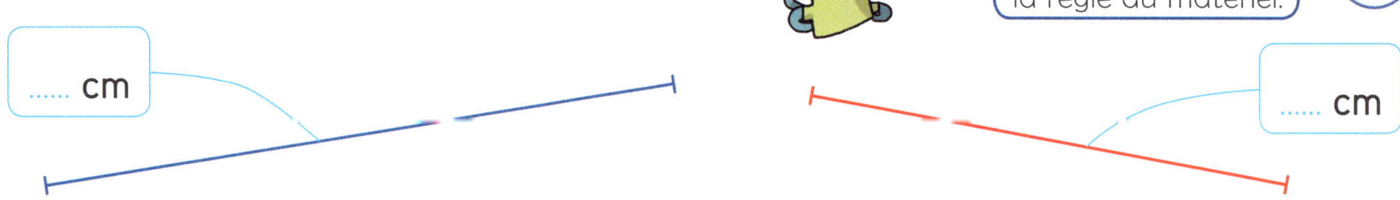

2 **Mesure** en cm la longueur de chaque segment.
Repasse en bleu le plus long et en vert le plus court.

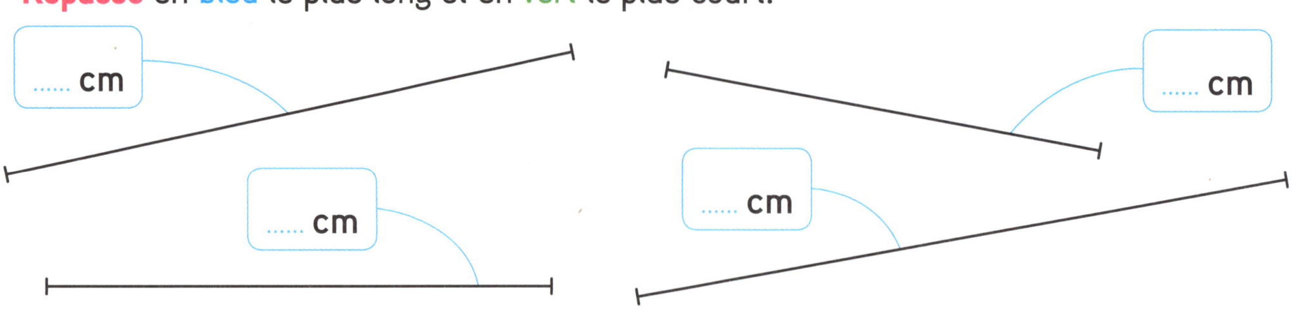

Compétences : Construire une règle graduée en cm et l'utiliser pour mesurer une longueur.
Calcul mental : Double d'un nombre inférieur à 20. L'enseignant dit : « Quel est le double de 13 ? » ; l'élève écrit 26.

57 Calcul réfléchi : Passage de la centaine (1)

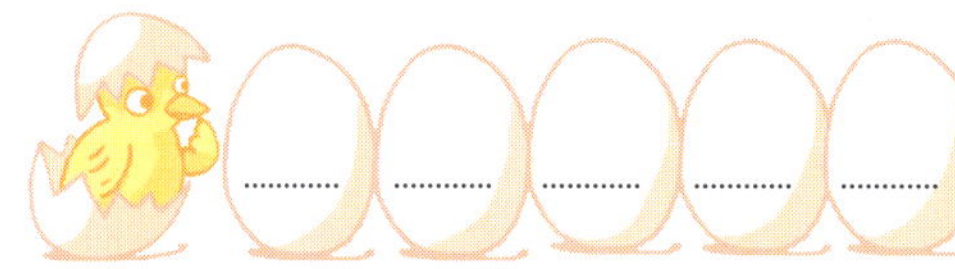

Découvrons ensemble

Théo calcule 199 + 1.
Complète.

Règle d'échange

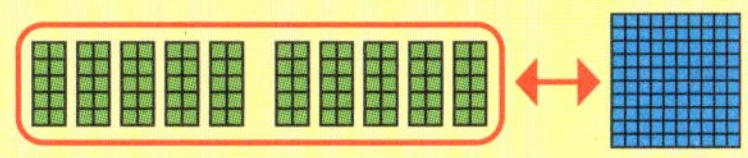

10 dizaines = 1 centaine = 100

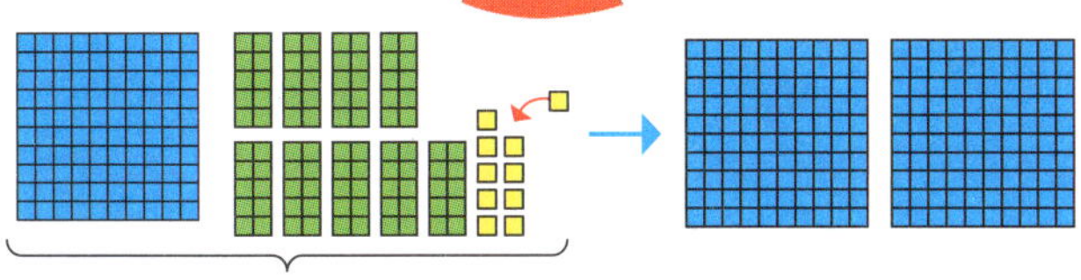

199 + 1 = ...

Tu peux vérifier tes calculs en utilisant la droite graduée.

Léa calcule 195 + 10. MATÉRIEL A
Complète.

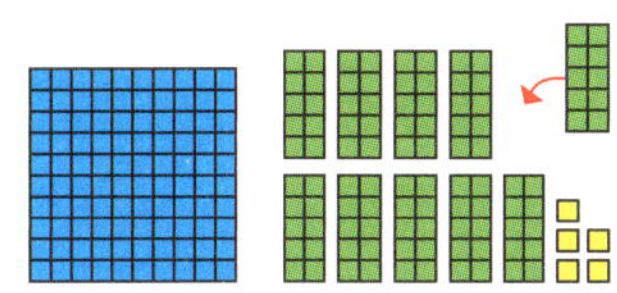

Combien de plaques bleues Léa a-t-elle alors ? ....

195 + 10 = ...

Je m'entraîne

1 **Entoure** les opérations où le résultat fait changer la centaine.

99 + 1 | 499 + 1 | 379 + 10 | 396 + 1 | 295 + 10

2 **Complète.**

199 + 1 = ... | 289 + 1 = ...
399 + 1 = ... | 299 + 1 = ...

3 **Complète.**

198 + 10 = ... | 489 + 10 = ...
399 + 10 = ... | 291 + 10 = ...

4 **Pose** et **calcule**.

84 + 35

56 + 78

Le coin du chercheur

Dessine la carte retournée.

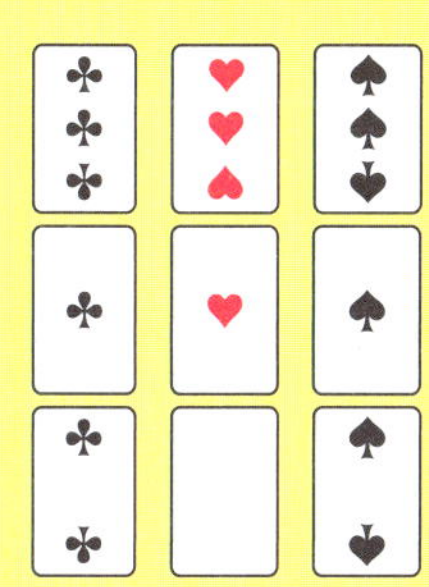

Compétence : Franchir une centaine en ajoutant 1 ou 10 à un nombre inférieur à 1 000.
Calcul mental : Double d'un nombre inférieur à 20. L'enseignant dit : « Quel est le double de 17 ? » ; l'élève écrit 34.

Photofiche S24 et A13

58 Identifier un angle droit

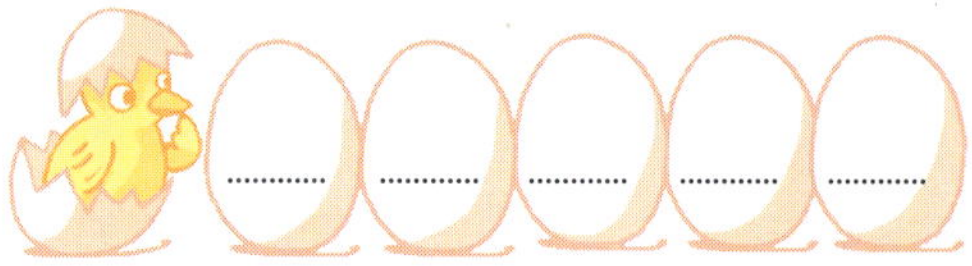

Découvrons ensemble

Comme Léa, **prends** un morceau de papier et **fabrique** un gabarit d'angle droit en suivant les étapes ci-dessous.

Utilise ton gabarit pour reconnaître les angles droits.
Dessine un point bleu à leur sommet.

Je m'entraîne

1 **Utilise** ton gabarit pour reconnaître les angles droits.
Dessine un point bleu à leur sommet.

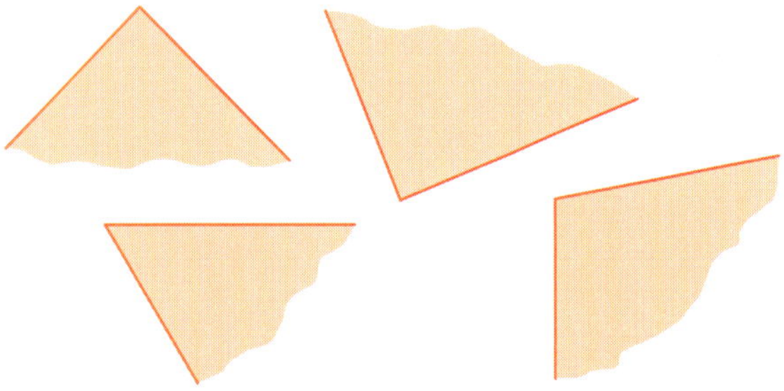

2 **Utilise** ton gabarit pour reconnaître les angles droits de cette figure.
Dessine un point bleu à leur sommet.

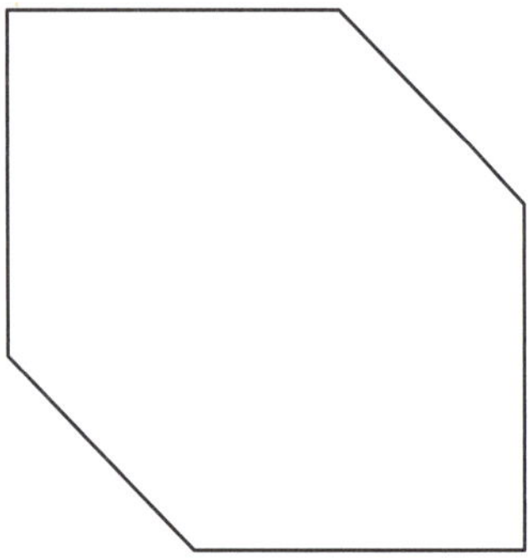

3 **Problème**
Le coffre situé dans l'angle droit de cette pièce contient un trésor.
Entoure ce coffre.

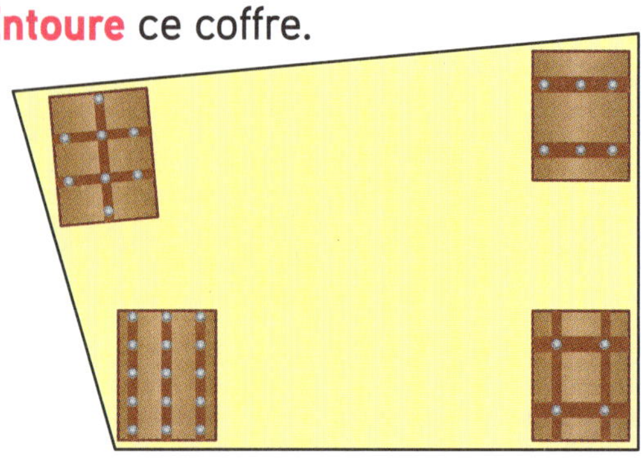

Compétence : Repérer des angles droits à l'aide d'un gabarit.
Calcul mental : Sommes de dizaines entières. L'enseignant dit : « 130 + 20 » ; l'élève écrit 150.

Photofiches S25 et A14

59 Tracer un angle droit

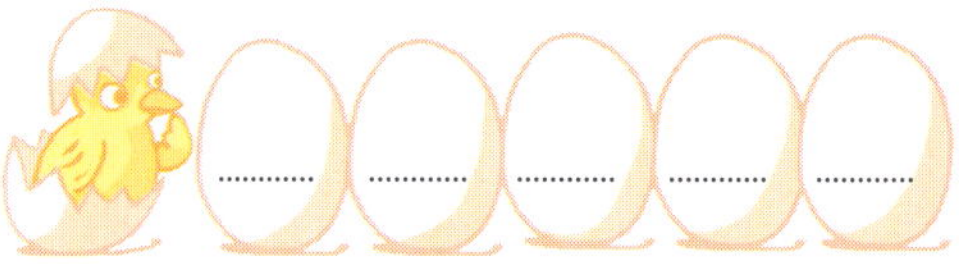

Découvrons ensemble

Observe comment Théo place son gabarit d'angle droit pour tracer un angle droit.

Trace 3 angles droits.
Le point bleu est le sommet. Le trait bleu est un côté.

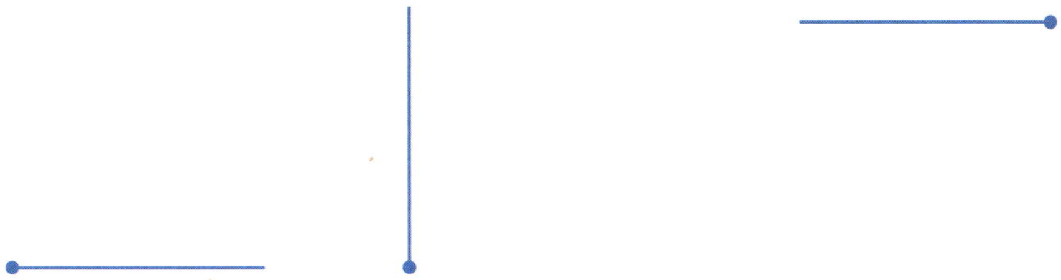

Je m'entraîne

1 **Trace** un angle droit.
Son sommet et un côté sont déjà tracés.

2 **Trace** un angle droit.
Son sommet et un côté sont déjà tracés.

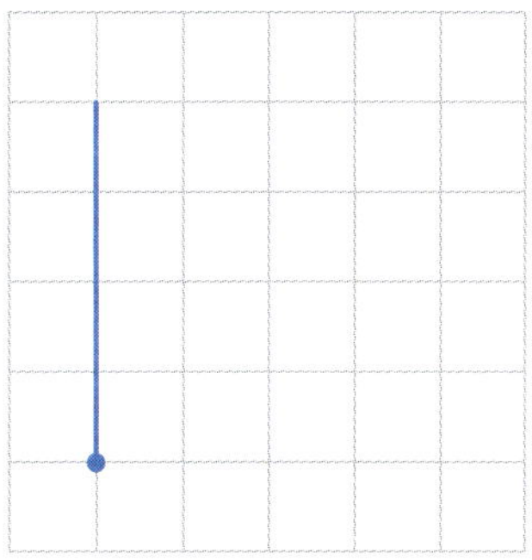

3 **Termine** cette frise en utilisant ton gabarit.
Chaque point bleu est le sommet d'un angle droit.

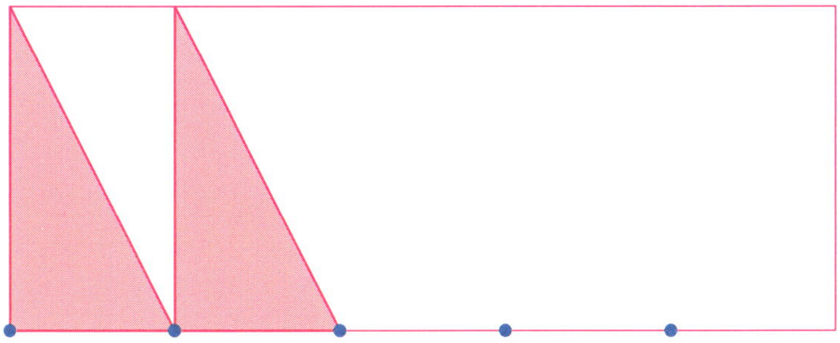

Le coin du chercheur

Combien de carrés se cachent dans cette figure ?

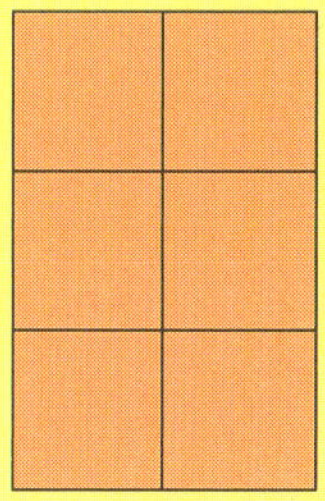

....

Compétence : Produire un angle droit dont le sommet et un côté sont déjà tracés.
Calcul mental : Dictée de nombres (nombres < 500). L'enseignant dit : « 389 » ; l'élève écrit 389.

Photofiche P5

60 Problèmes : Situations additives ou soustractives (4)

1

Théo a des images. | Son frère lui donne 20 images. | Théo a maintenant 60 images.

Combien d'images Théo avait-il au début ?

Écris l'opération et **calcule**.

.... = ...

Complète la phrase réponse. *Au début, Théo avait* ....

2

Théo a des images. | Théo donne 10 images à Léa. | Théo a maintenant 40 images.

Combien d'images Théo avait-il au début ?

Écris l'opération et **calcule**. .... = ...

Complète la phrase réponse. *Au début, Théo avait* ....

3

Théo a des billes. | Théo donne 30 billes à Léa. | Théo a maintenant 20 billes.

Combien de billes Théo avait-il au début ?

Écris l'opération et **calcule**. .... = ...

Complète la phrase réponse. *Au début, Théo avait* ....

Compétence : Trouver la valeur de l'état initial dans un problème de transformation d'état.

Calcul mental : Tables d'addition. L'enseignant dit : « 8 + 5 » ; l'élève écrit 13.

61 Maths Aventures [2]

Quand ta réponse est correcte, colorie la banane.

Dans la jungle

1 *La liane bleue mesure ...... cm.*

2 **Mesure** la longueur de la liane rouge.

...... cm + ... cm = ... cm

3 **Colorie** de la même couleur les caisses du même nombre.

176

196

100 + 60 + 16

100 + 70 + 6

100 + 80 + 16

78

+ 96

....

4 Combien de noix de coco l'éléphant porte-t-il ? **Calcule** l'addition.

5 **Colorie** de la même couleur le nombre et son double.

14 8 3 6 10 4 5 7

6 **Colorie** en jaune l'anneau du serpent qui a le plus grand nombre.

81 84 90 79

Si tu as colorié 5 ou 6 bananes, colorie la médaille d'or ; 3 ou 4 bananes, colorie la médaille d'argent ; sinon, colorie la médaille de bronze.

2 1 3

62 J'ai compris et je retiens (4)

Cette page t'aide à retenir ce qui est essentiel.

Je décompose les nombres jusqu'à 499.

23 dizaines = 10 dizaines + 10 dizaines + 3 dizaines
23 dizaines = 1 centaine + 1 centaine + 3 dizaines
23 dizaines = 2 centaines + 3 dizaines
23 dizaines = 200 + 30 = 230

c	d	u
2	3	0

230, c'est :
2 centaines,
3 dizaines,
0 unité.

J'effectue une addition avec retenue.

	c	d	u
	(1)	(2)	
		4	8
+		3	6
+		4	7
=	1	3	1

Je passe la dizaine, la centaine.

259 + 1 = 260
299 + 1 = 300
290 + 10 = 300
299 + 10 = 309

Je me repère sur la droite graduée.

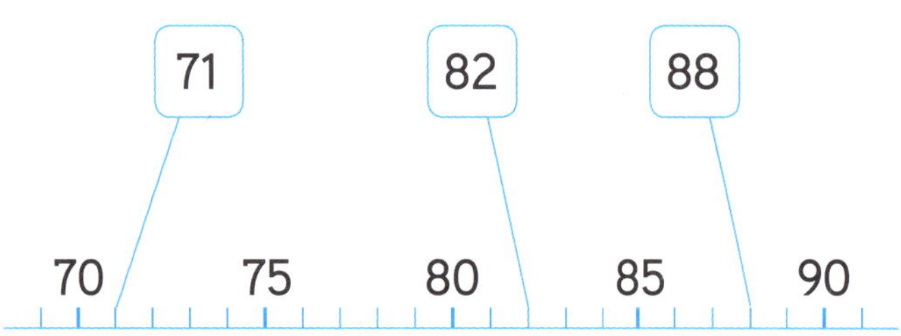

Je mesure la longueur d'un segment.

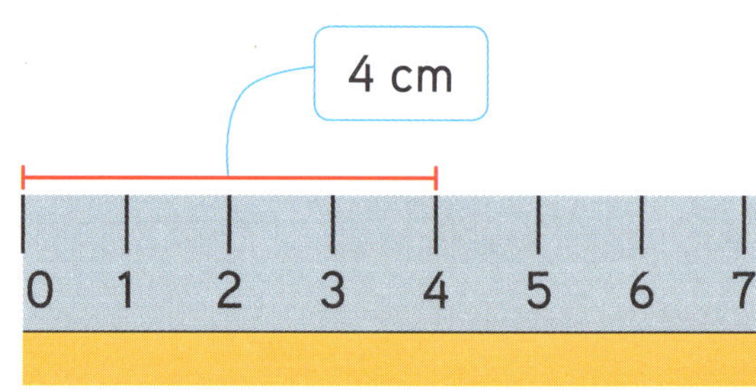

Je reconnais un angle droit.

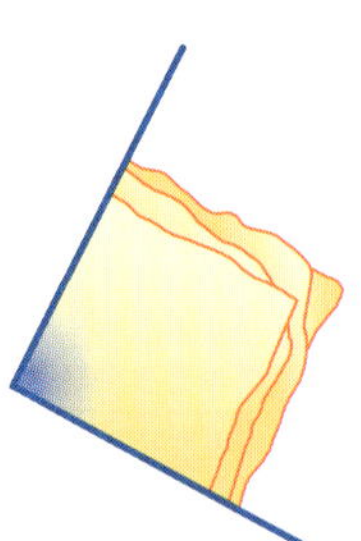

C'est un angle droit.

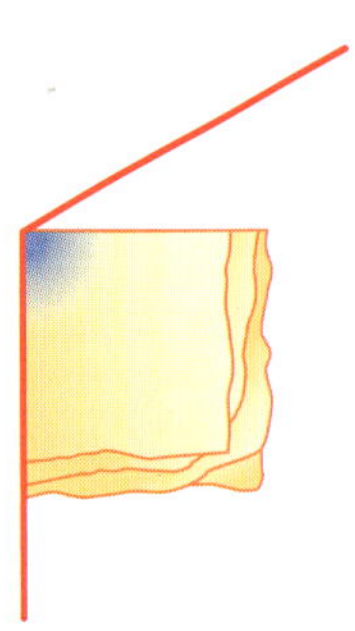

Ce n'est pas un angle droit.

Je trace un angle droit.

Je fais le point (4)

SOCLE COMMUN

1 **Pose** et **calcule**.

62 + 35

56 + 29

73 + 6 + 54

Poser et effectuer une addition.

2 **Complète**.

245	200 + 40 + 5
234	....
307	....
....	100 + 10
....	300 + 30 + 3

Décomposer un nombre de 3 chiffres.

3 **Écris** les nombres.

3 d 2 u 5 c = ...

3 c 5 d = ...

Connaître les unités de numération.

4 **Calcule**.

95 + 10 = ...

191 + 10 = ...

398 + 10 = ...

399 + 1 = ...

Passer une centaine.

5 **Relie** et **complète**.

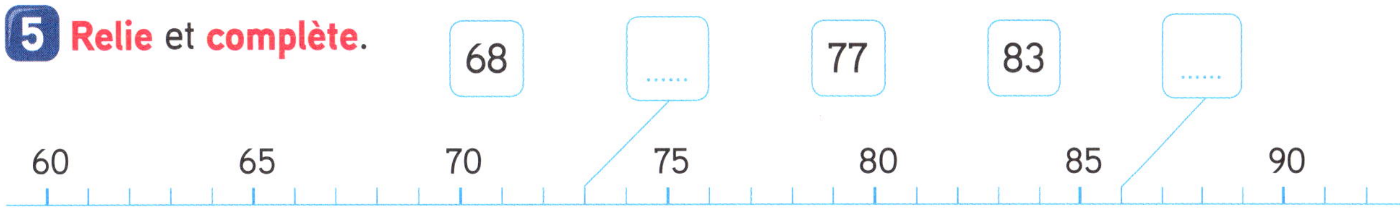

Se repérer sur la droite graduée.

6 **Mesure** la longueur de ce segment.

MATÉRIEL B

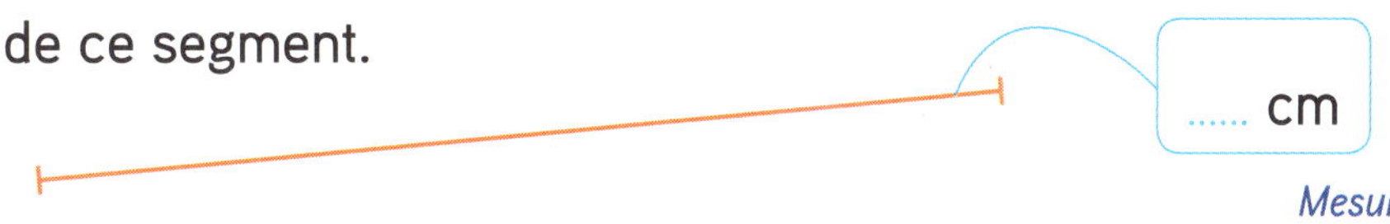

Mesurer une longueur.

7 **Entoure** l'angle droit.

MATÉRIEL D

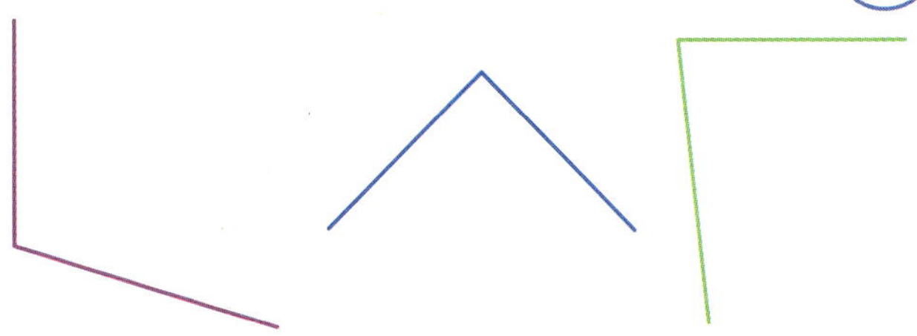

Reconnaître un angle droit.

8 **Trace** un angle droit. Son sommet et un côté sont déjà tracés.

MATÉRIEL D

Tracer un angle droit.

Photofiche S26

64 Comparer, ordonner, intercaler les nombres jusqu'à 499

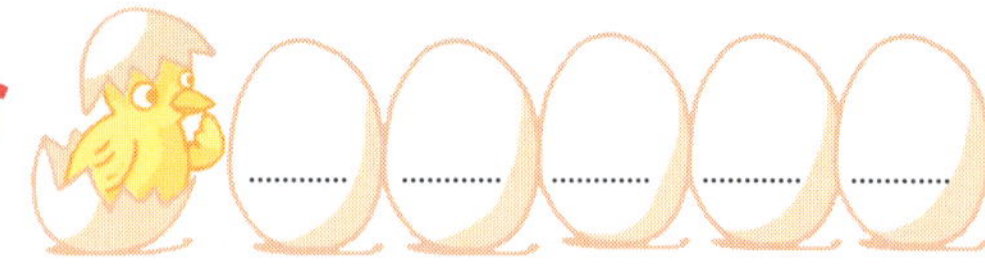

Découvrons ensemble

Écris les nombres de jetons de Théo et de Léa.

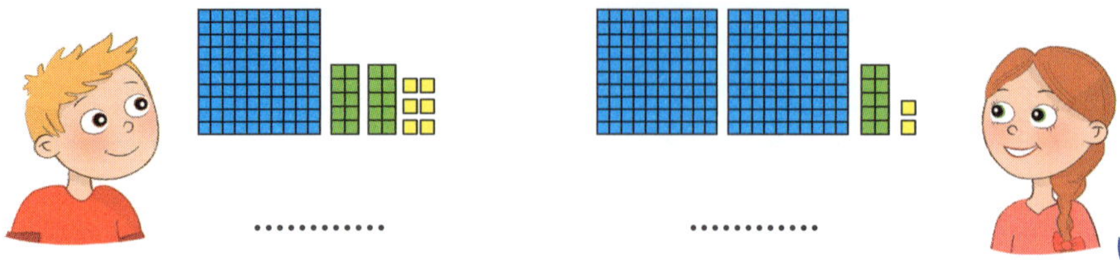

....

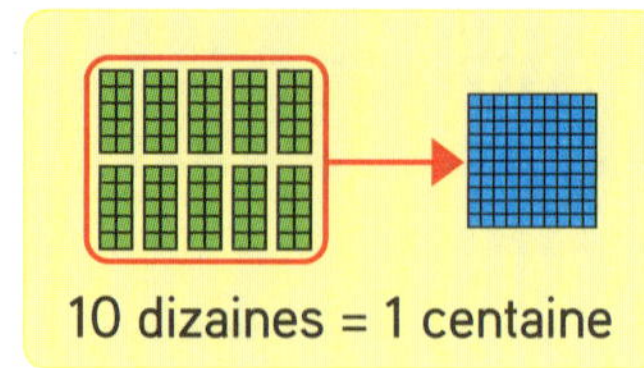

Compare ces deux nombres. .... < ....

Pour comparer ces 2 nombres, il suffit de comparer leurs chiffres des centaines.

Écris les nombres de jetons de Mélissa et de Gaël.

Les chiffres des centaines sont les mêmes. On compare alors les chiffres des dizaines.

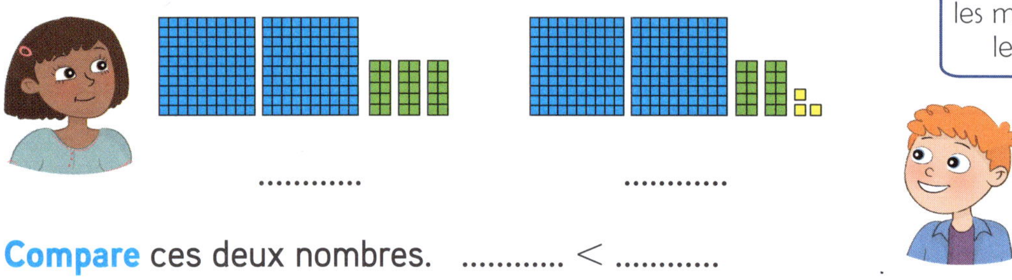

....

Compare ces deux nombres. .... < ....

Range les nombres de jetons des 4 enfants du plus petit au plus grand.

.... < .... < .... < ....

Complète avec les nombres 324, 396 et 268.

Je m'entraîne

1 Entoure le plus petit des 2 nombres.

267 348 | 467 448

2 Entoure le plus grand des 3 nombres.

267 348 448 | 367 380 348

3 Range les nombres
400 ; 499 ; 378 ; 367

- du plus petit au plus grand :

.... < .... < .... < ....

- du plus grand au plus petit :

.... > .... > .... > ....

4 Relie les étiquettes aux livres.

300 260 352 310

Compétences : Comparer, ordonner, intercaler les nombres inférieurs à 500.
Calcul mental : Passage de la dizaine (nombre < 100). L'enseignant dit ou montre : « 46 + 5 = ... » ; l'élève écrit 51.

Photofiche A15

65 Trouver le complément à un nombre

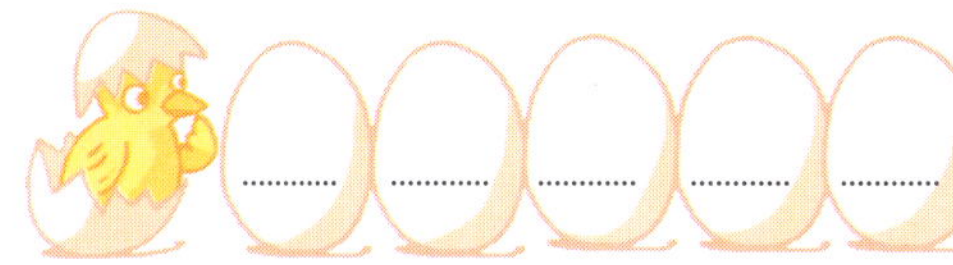

Découvrons ensemble

Théo et Léa jouent à un jeu de société. Pour gagner, il faut 32 jetons.

Théo a 27 jetons.
Combien lui en manque-t-il ?
Complète.

27 + ... = 32

Il lui manque ...... jetons.

Léa a 25 jetons. Combien lui en manque-t-il ?
Complète.

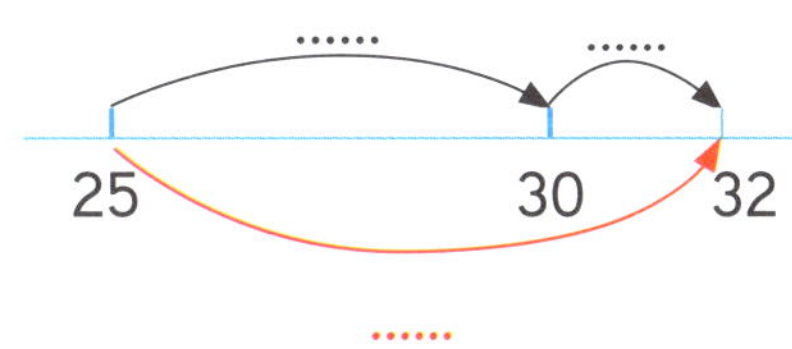

25 + ... = 32 *Il lui manque ...... jetons.*

Je m'entraîne

1 **Écris** le nombre de jetons.

.... *jetons*

Dessine les jetons qui manquent pour avoir 43 jetons et **complète**.

.... + ... = 43

Il manque ...... jetons.

2 **Calcule** comme Léa.

28 + ... = 31

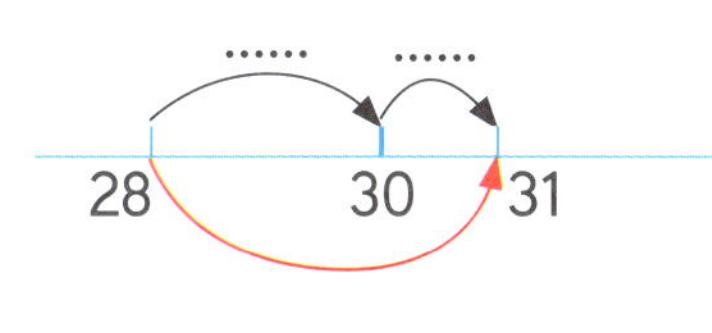

47 + ... = 52

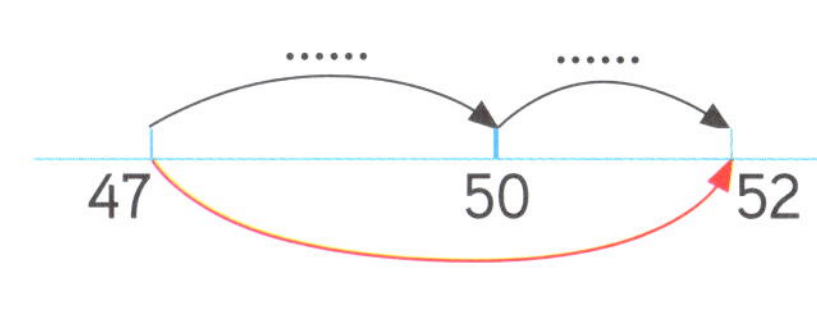

3 **Problème :** Alba possède 24 €.
Combien lui manque-t-il pour acheter ce jeu ?

24 + ... = 33 *Il lui manque ...... €.*

4 **Complète** les cases.

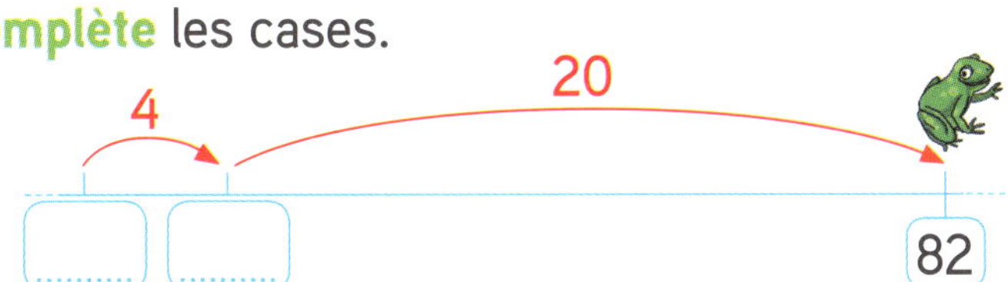

Le coin du chercheur

Combien de carrés se cachent dans ces points ?

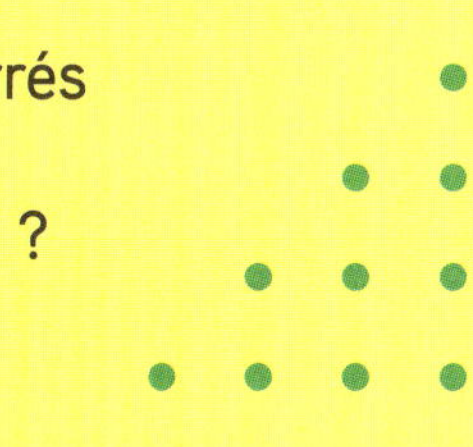

....

Compétence : Trouver le complément à un nombre en privilégiant le passage à la dizaine.
Calcul mental : Dictée de nombres (nombres < 500). L'enseignant dit : « 278 » ; l'élève écrit 278.

Photofiche S27

66 L'addition posée de nombres de 3 chiffres

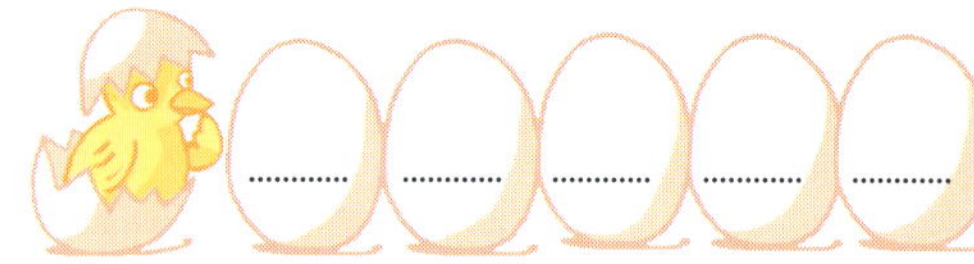

Découvrons ensemble

Théo calcule **154 + 273**.

Complète.

	c	d	u
	○		
	1	5	4
+	2	7	3
=	......	......	7

154 + 273 = ...

Léa calcule **293 + 61 + 89**.

Complète.

	c	d	u
	○	○	
	2	9	3
+		6	1
+		8	9
=	......	......	......

293 + 61 + 89 = ...

Je m'entraîne

1 Calcule.

	2	3	6
+	1	4	8

236 + 148 = ...

	1	7	6
+	1	9	7
+		8	3

176 + 197 + 83 = ...

		7	5
+	2	0	7
+	1	8	9

75 + 207 + 189 = ...

2 Pose et calcule.

158 + 323

158 + 323 = ...

36 + 292 + 61

36 + 292 + 61 = ...

264 + 8 + 99

264 + 8 + 99 = ...

Compétence : Connaître la technique de l'addition posée des nombres de trois chiffres avec retenue.
Calcul mental : Ajouter des dizaines entières (nombre < 500). L'enseignant écrit 145 + 20 ; l'élève écrit 165.

Photofiche S28

67 Calcul réfléchi : Retrancher des dizaines à un nombre de 2 chiffres

Découvrons ensemble

Théo calcule **60 – 40**.

Complète.

Je décompose en **dizaines**.

60 = 6 dizaines
40 = 4 dizaines

60 – 40 = 6 dizaines – 4 dizaines

60 – 40 = ... dizaines

60 – 40 = ...

Léa calcule **63 – 20**.

Complète.

Je décompose 63 en 60 + 3.

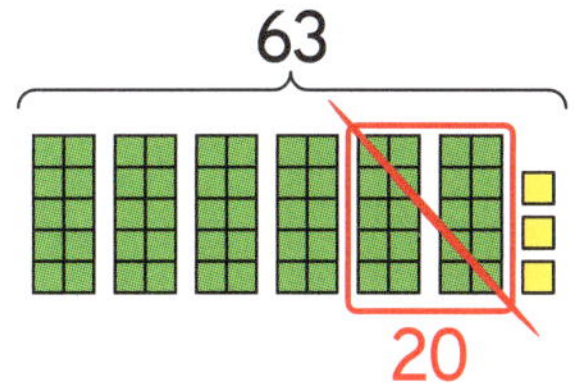

63 – 20 = 60 + 3 – 20

63 – 20 = ... + 3

63 – 20 = ...

Je m'entraîne

1 Calcule.

50 – 30 = ...

30 – 20 = ...

70 – 40 = ...

50 – 20 = ...

2 Calcule.

49 – 30 = ...

62 – 40 = ...

64 – 30 = ...

46 – 20 = ...

3 Problème
Combien de prunes restera-t-il dans le panier ?

.... = ...

Il restera .... prunes dans le panier.

Le coin du chercheur

Entoure la main gauche de Raphaël l'acrobate.

Compétence : Retrancher des dizaines à un nombre de deux chiffres.
Calcul mental : Complément à la dizaine supérieure. L'enseignant dit : « De 158 pour aller à 160 » ; l'élève écrit 2.

Identifier un triangle rectangle

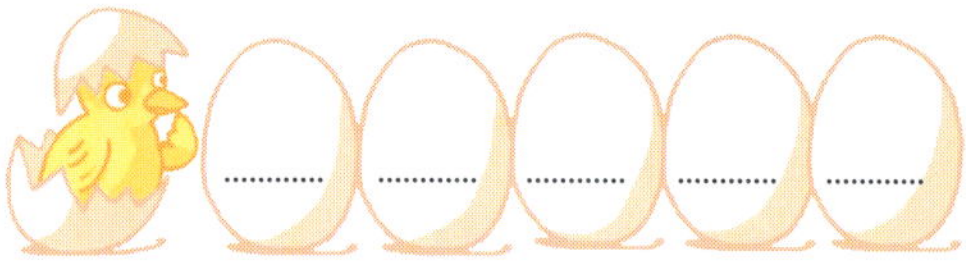

Découvrons ensemble

Utilise le gabarit d'angle droit de la page matériel pour trouver les triangles rectangles. MATÉRIEL D
Dessine un point bleu au sommet de leur angle droit.

Je m'entraîne

1 **Utilise** ton gabarit d'angle droit pour trouver l'angle droit de chacun de ces triangles rectangles. **Dessine** un point bleu au sommet de leur angle droit.

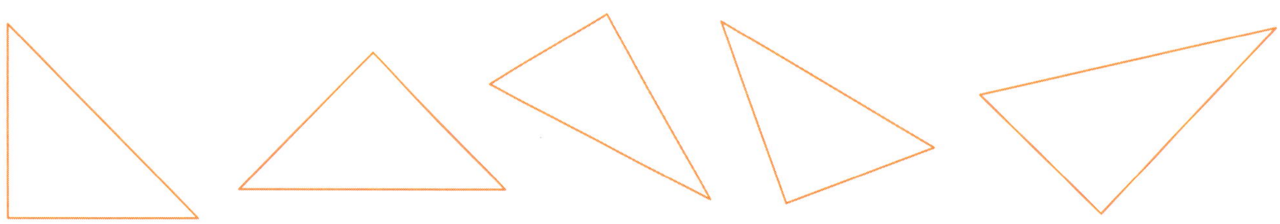

2 **Utilise** ton gabarit d'angle droit pour trouver les triangles rectangles. **Entoure**-les.

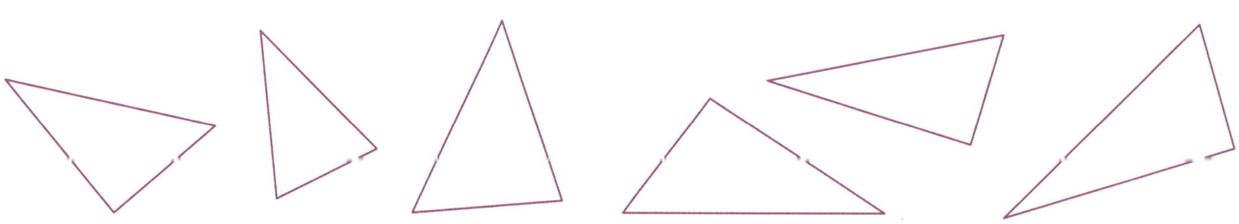

3 **Problème : Dessine** un point bleu au sommet de l'angle droit des triangles rectangles.
Utilise une bande de papier pour trouver le plus long des trois côtés de chaque triangle.
Repasse-le en rouge.

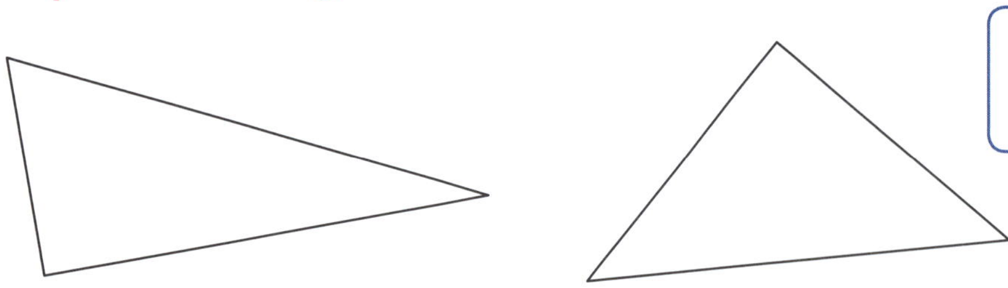

Compétences : Identifier un triangle rectangle en utilisant un gabarit d'angle droit. Identifier le sommet de son angle droit.
Calcul mental : Complément à la centaine. L'enseignant écrit 96 + ... = 100 ; l'élève écrit 4.

Photofiche A16

69 Reproduire un triangle rectangle

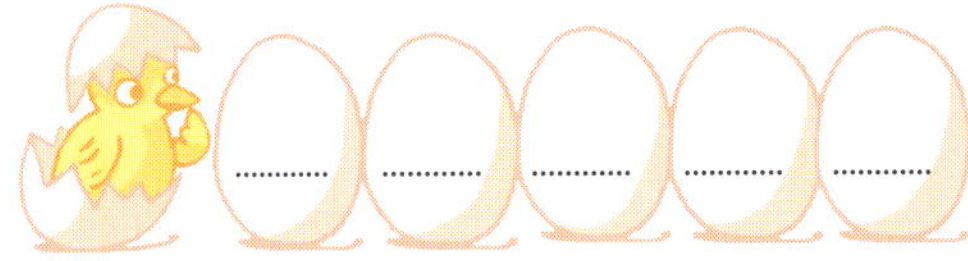

Découvrons ensemble

Aide Léa à reproduire le triangle rectangle de Théo.
Utilise le gabarit de la page matériel pour trouver l'angle droit.
Dessine un point bleu au sommet de l'angle droit.

MATÉRIEL D

J'ai déjà tracé un côté de l'angle droit.

Utilise ton gabarit pour tracer l'angle droit, puis une bande de papier pour reporter les longueurs.

Je m'entraîne

1 **Reproduis** le triangle rectangle. Le côté bleu est tracé.

MATÉRIEL D

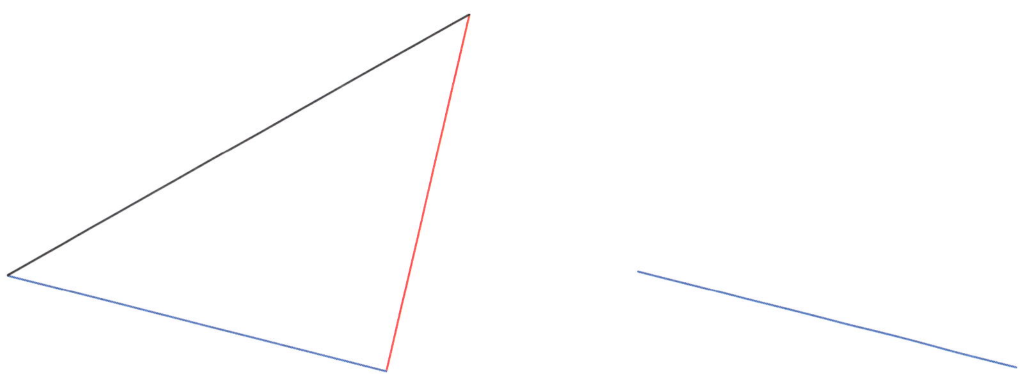

2 **Calcule.**

	1	5	6
+	2	5	6

	2	9	4
+	1	4	2

Le coin du chercheur

Combien de triangles comptes-tu ?

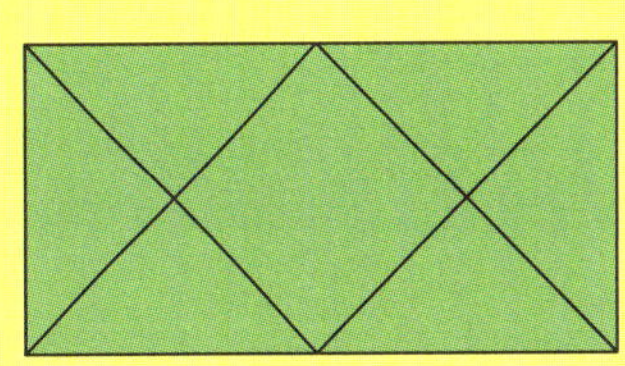

....

Compétence : Tracer un triangle rectangle sur papier uni, un sommet et un côté étant déjà tracés.
Calcul mental : Écrire le suivant. L'enseignant dit : « 279 » ; l'élève écrit 280.

70 Calcul réfléchi : Retrancher un nombre de 2 chiffres (1)

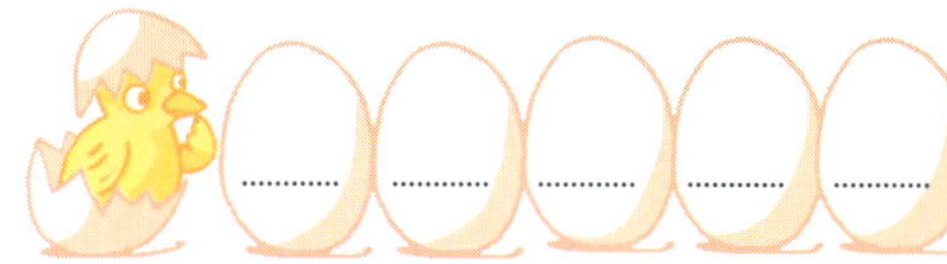

Découvrons ensemble

Théo calcule 45 – 24.

Observe et **complète**.

Je retranche 20, puis je retranche 4.

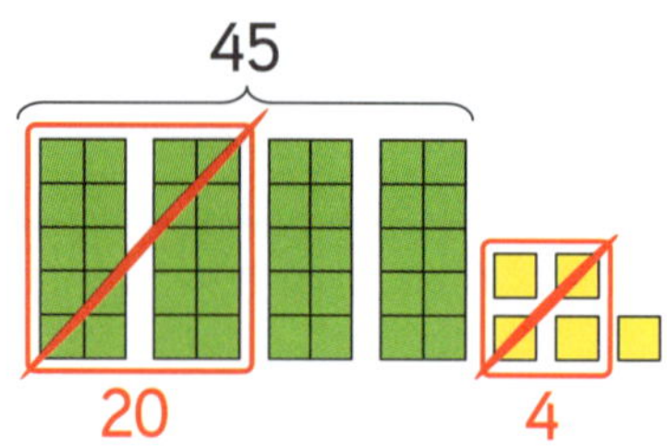

45, c'est 4 dizaines 5 unités. Retrancher 20, c'est enlever **2 dizaines**.

Je retranche 20 → 45 – 20 = ...

Puis je retranche 4 → .... – 4 = ...

45 – 24 = ...

Je m'entraîne

1 Calcule et **complète**.

56 – 32	65 – 24	86 – 43
56 – 30 = ...	65 – 20 = ...	86 – 40 = ...
.... – 2 = ...	.... – 4 = ...	.... – 3 = ...
56 – 32 = ...	65 – 24 = ...	86 – 43 = ...

Écris le même nombre dans les 2 zones de même couleur.

2 Calcule et **complète**.

38 – 15	48 – 26	59 – 37
38 – .... = ...	48 – .... = ...	59 – .... = ...
.... – .... = ...	.... – .... = ...	.... – .... = ...
38 – 15 = ...	48 – 26 = ...	59 – 37 = ...

3 Problème : Un bus transporte 48 passagers. Au premier arrêt, 15 passagers descendent. **Combien de passagers reste-t-il dans le bus ?**

.... = ...

Il reste .... *passagers dans le bus.*

Compétence : Retrancher un nombre de deux chiffres sans passer la dizaine.

Calcul mental : Ajouter des dizaines. L'enseignant écrit 135 + 20 ; l'élève écrit 155.

71 Calcul réfléchi : Retrancher un nombre de 2 chiffres (2)

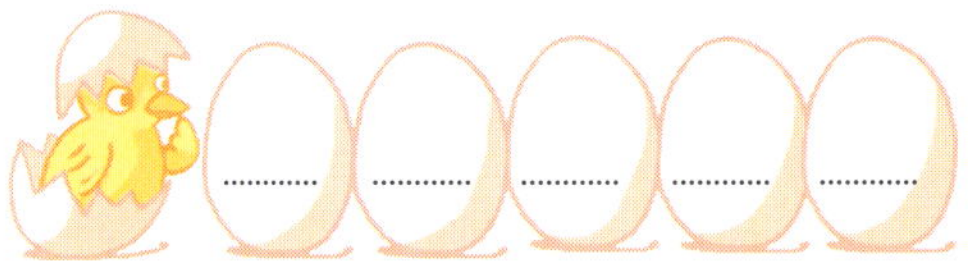

Découvrons ensemble

Léa calcule 64 – 37.

Observe et **complète**.

Je retranche 30 → 64 – 30 = 34

Puis je retranche 7 → 34 – 7 = ...

Je retranche 30, puis je retranche 7.

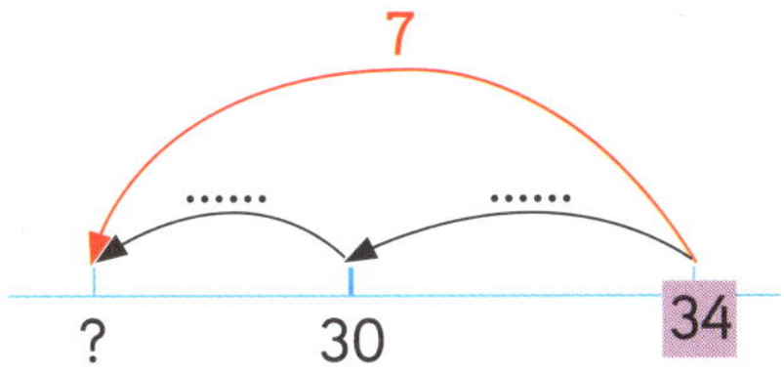

7 est plus grand que 4. Enlève d'abord 4 pour arriver à 30. Enlève ensuite 3 car 7 = 4 + 3.

64 – 37 = ...

Je m'entraîne

1 **Calcule** et **complète**.

45 – 26

45 – 20 = 25

.... – 6 = ...

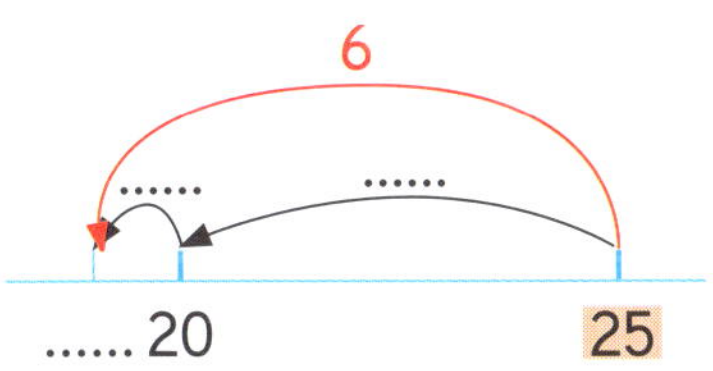

45 – 26 = ...

34 – 18

34 – 10 = ...

.... – 8 = ...

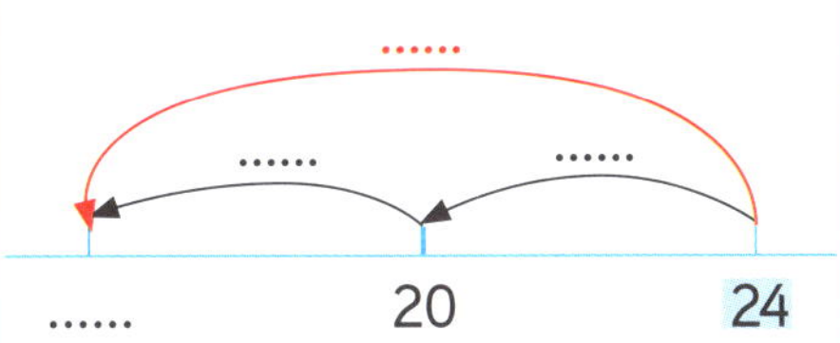

34 – 18 = ...

61 – 37

61 – 30 = ...

.... – 7 = ...

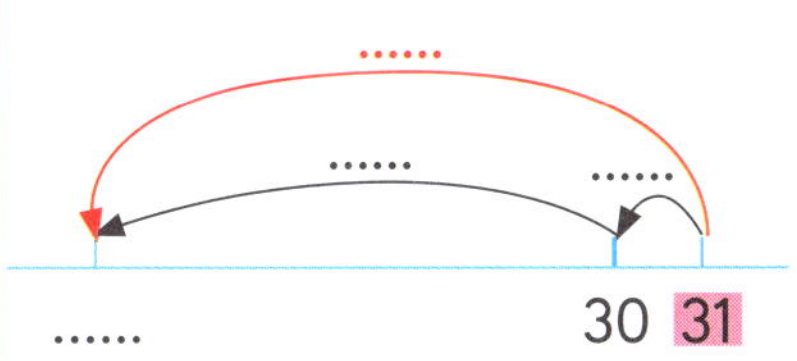

61 – 37 = ...

2 **Calcule** et **complète**.

32 – 14

32 – 10 = ...

.... – .... = ...

32 – 14 = ...

52 – 25

52 – 20 = ...

.... – .... = ...

52 – 25 = ...

3 **Mesure** la longueur de ce segment.

...... cm

Le coin du chercheur

Écris les nombres 1 ; 2 ; 3 ; 4 ; 5 pour que la somme des nombres sur chaque côté du triangle soit égale à 9.

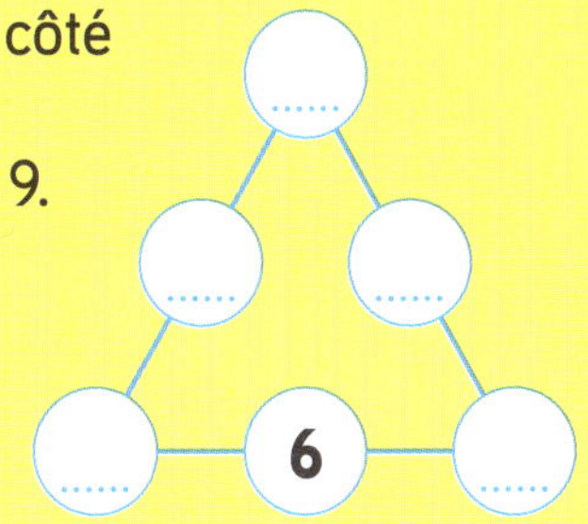

Compétence : Retrancher un nombre de deux chiffres en passant la dizaine.

Calcul mental : Compter de 10 en 10. L'enseignant dit : « 245 ; 255 ; 265 » ; l'élève écrit 275.

72 Lire, écrire, décomposer les nombres jusqu'à 999

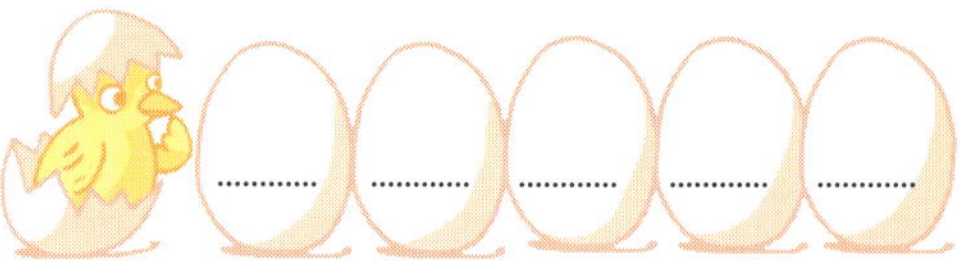

Découvrons ensemble

Le directeur a reçu deux commandes de crayons. **Aide** Théo et Léa à les compter.
Utilise le tableau.

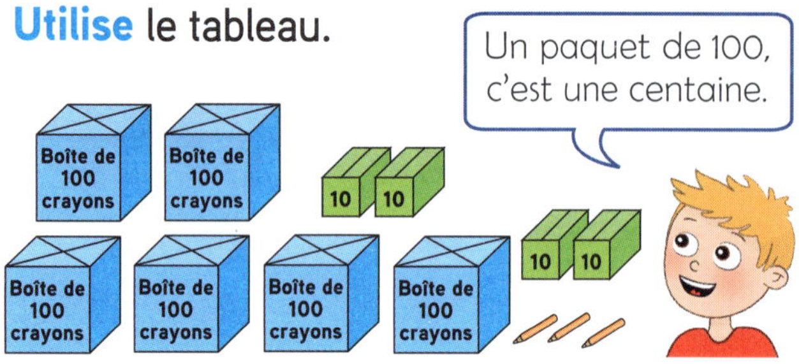

centaine	dizaine	unité
c	d	u
....	....	....
....	....	....

Complète.

Théo compte .... *crayons.*

.... = ... c ...... d ...... u

.... = ... + ... + ...

Léa compte .... *crayons.*

.... = ... c ...... d ...... u

.... = ... + ...

Je m'entraîne

Je lis d'abord les centaines, puis le nombre de deux chiffres qui suit.

1 Colorie les étiquettes qui correspondent au nombre de jetons.

532 — 523 — 235 — cinq cent trente-deux — cinq cent vingt-trois — deux cent trente-cinq

2 Écris le nombre d'enveloppes.

...... c ...... d ...... u = ...

...... c ...... d ...... u = ...

3 Complète le tableau.

521	5 c 2 d 1 u	500 + 20 + 1
643	...... c...... d ...... u	....
....	4 d 7 c	....

4 Relie chaque valise à son propriétaire.

Compétences : Lire, écrire et décomposer les nombres inférieurs à 1 000.
Calcul mental : Ajouter 5 à un multiple de 5 (nombre de trois chiffres). L'enseignant dit : « 125 + 5 » ; l'élève écrit 130.

73 Identifier les rectangles et les carrés

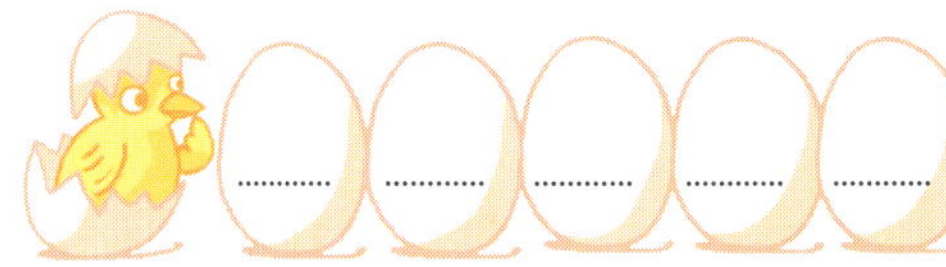

Découvrons ensemble

Pour chaque figure, **repasse** de la même couleur les côtés de même longueur.
Trouve les angles droits. **Entoure** leur sommet en bleu.

MATÉRIEL D

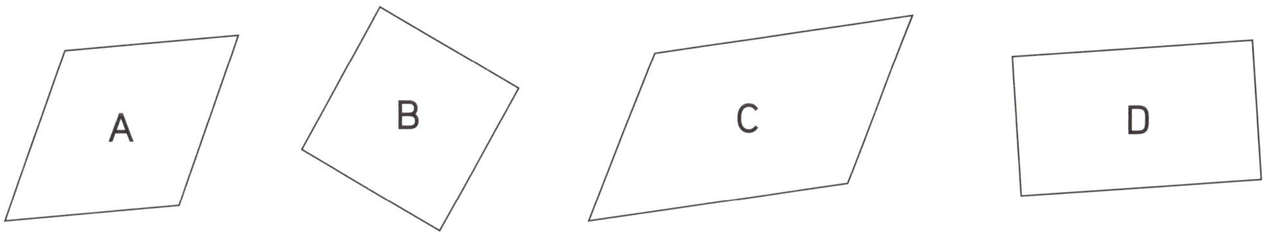

Complète le tableau par *oui* ou *non*.

	4 angles droits	4 côtés de même longueur
Figure A		
Figure B		
Figure C		
Figure D		

	4 angles droits	4 côtés de même longueur
Carré	*oui*	*oui*
Rectangle	*oui*	*non*

À l'aide des tableaux, **complète**.

La figure ...... est un carré.

La figure ...... est un rectangle.

Je m'entraîne

1 **Colorie** en rouge le carré et en vert le rectangle.

Utilise une bande de papier et un gabarit d'angle droit.

2 Chaque quadrilatère est partagé en 2 triangles par un trait rouge.
Entoure ceux qui sont partagés en 2 triangles rectangles.
Colorie en rouge le carré et en vert le rectangle.

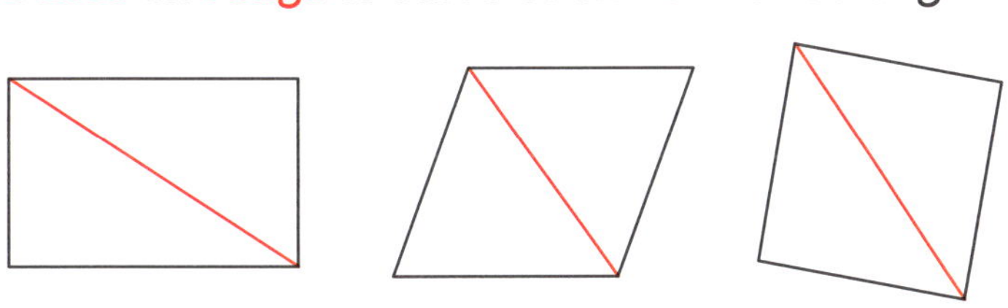

Un .... et un ....

peuvent être partagés en deux triangles rectangles.

Le coin du chercheur

Dans quel sens faut-il tourner la manivelle pour sortir le seau du puits ? Colorie la flèche.

Compétence : Reconnaître les carrés et les rectangles grâce à leurs propriétés géométriques.
Calcul mental : Retrancher un petit nombre à un nombre < 500. L'enseignant dit : « 128 – 4 » ; l'élève écrit 124.

Photofiche P6

74 Problèmes : Se repérer sur un plan

Observe le plan de ce village.

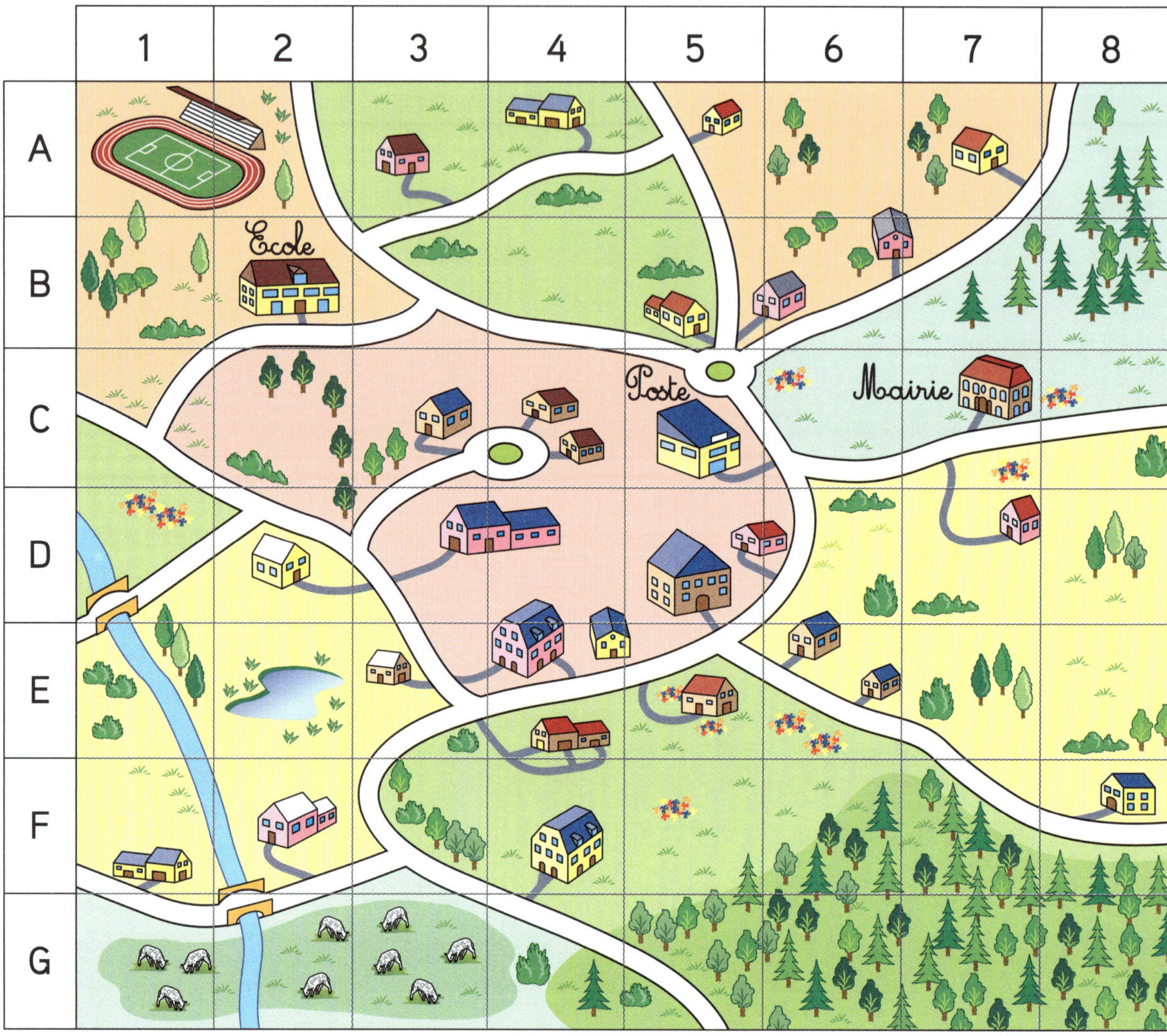

1 La mairie est située dans la case (C , 7).
La maison de Camille est dans la case (D , 2). **Colorie** son toit en rouge.
La maison de Lucas est dans la case (F , 2). **Colorie** son toit en bleu.

2 **Indique** les cases du plan où se trouvent l'école : (...... , ...) et la poste : (...... , ...).

3 La maison d'Hugo est dans la case (C , 3).
Dessine en vert le chemin qu'Hugo emprunte pour se rendre à l'école.

4 La maison d'Oscar est dans la case (F , 8). Quand il se rend à l'école, Oscar passe devant la poste. **Dessine** en noir son chemin.

Compétences : Repérer, sur un plan, une case codée par ligne et colonne. Trouver le codage d'une case. Tracer un chemin entre 2 points.
Calcul mental : Retrancher des dizaines entières à un nombre < 100. L'enseignant dit : « 48 – 20 » ; l'élève écrit 28.

Photofiche P7

75 Extraire des données

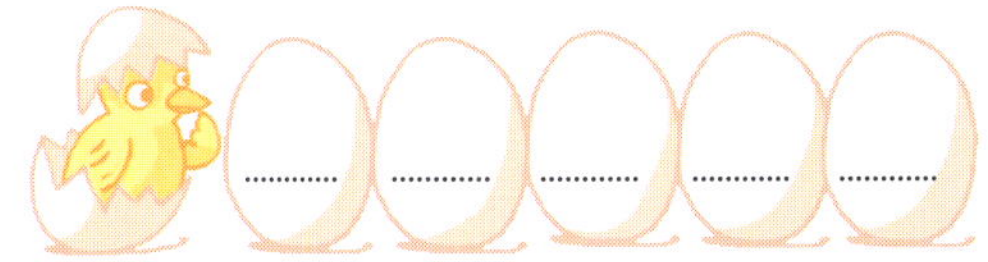

Découvrons ensemble

Combien va payer chaque enfant ?

Observe et **complète**.

.... = ...

Théo va payer .... €.

.... = ...

Léa va payer .... €.

Je m'entraîne

1 Combien va payer Mélissa ? Combien va payer Gabriel ?

.... = ...

Mélissa va payer .... €.

.... = ...

Gabriel va payer .... €.

2 **Problème :** Emma a acheté cette plante.
Maintenant, il lui reste 30 € dans son porte-monnaie.
Combien d'argent avait-elle avant son achat ?

.... = ...

Elle avait .... € avant son achat.

Compétence : Extraire les données d'un dessin pour résoudre un problème.
Calcul mental : Tables d'addition. L'enseignant dit : « 8 + 9 » ; l'élève écrit 17.

76 J'ai compris et je retiens (5)

Je retranche des dizaines à un nombre de 2 chiffres.

60 – 40 = 6 dizaines – 4 dizaines

60 – 40 = 2 dizaines

60 – 40 = 20

63 – 20 = 60 + 3 – 20

63 – 20 = 40 + 3

63 – 20 = 43

Je trouve le complément à un nombre.

25 + ... = 32

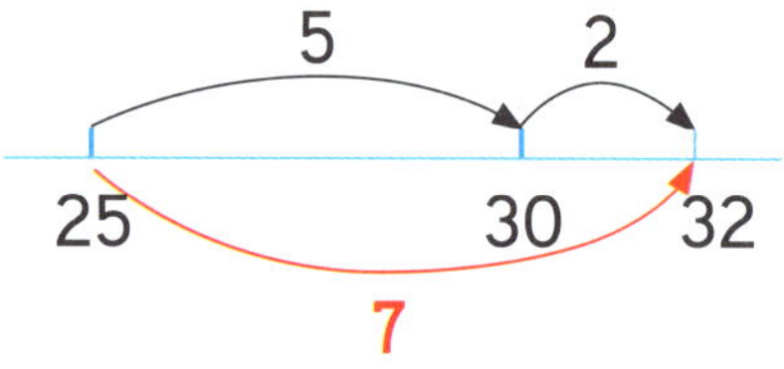

25 + 7 = 32

J'effectue une addition.

	c	d	u
	(2)	(1)	
	2	9	3
+		6	1
+		8	9
=	4	4	3

Je compare 2 nombres de 3 chiffres.

Pour comparer 2 nombres de 3 chiffres, je compare leurs chiffres à partir de la gauche.

427 est plus grand que 398,
car 4 est plus grand que 3.

378 est plus grand que 352,
car 7 est plus grand que 5.

Je me repère sur un plan.

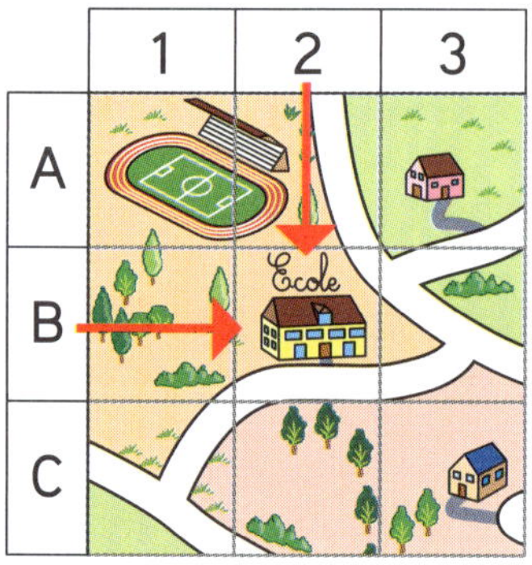

L'école  est dans la case (B , 2).

Je distingue le carré et le rectangle.

Rectangle :
– 2 paires de côtés de même longueur ;
– 4 angles droits.

Carré :
– 4 côtés de même longueur ;
– 4 angles droits.

Je reconnais un triangle rectangle.

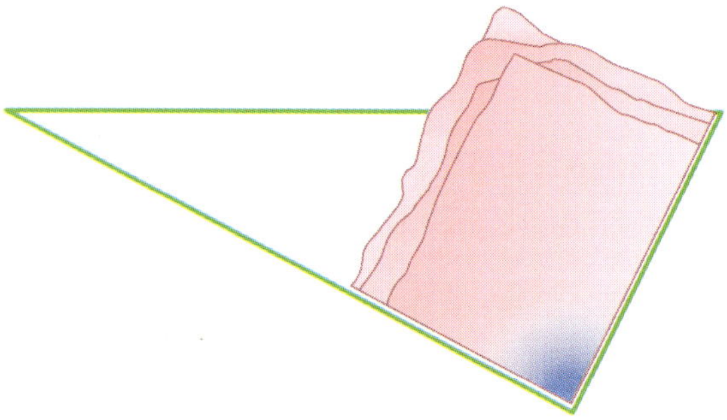

Le triangle vert est un triangle rectangle. Il possède un angle droit.

77 Je fais le point (5)

SOCLE COMMUN

1 **Pose** et **calcule**.

127 + 235

345 + 96

264 + 8 + 75

Poser et effectuer une addition avec des nombres de 3 chiffres.

2 **Calcule** sans poser les opérations.

25 – 13 = ...

31 – 12 = ...

Retrancher un nombre de 2 chiffres.

3 **Complète**.

16 + ... = 20

19 + ... = 25

Trouver le complément à un nombre.

4 **Écris** ces nombres du plus grand au plus petit.

207 300 216 455

.... > .... > .... > ....

Ordonner des nombres.

5 **Entoure** le carré.

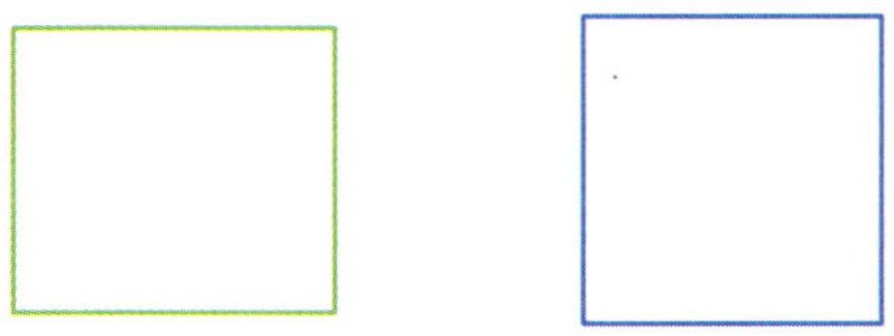

Identifier un carré.

6 **Entoure** le plus grand des 2 nombres de chaque parchemin.

451
270

367
362

Comparer 2 nombres de 3 chiffres.

7 Dans quelle case est le chat ?

Le chat est dans la case (...... , ...).

	1	2	3
A			
B			
C			

Repérer des cases d'un quadrillage.

8 **Trace** un triangle rectangle.
Un côté et le sommet de l'angle droit sont déjà tracés.

Tracer un triangle rectangle.

Photofiche S33

78 Lire l'heure (1)

Découvrons ensemble

La **grande aiguille** fait un tour de cadran en 1 heure et la **petite aiguille** en 12 heures.

Construis une horloge avec le matériel de la page (MATÉRIEL C).

Coche la bonne réponse.

La petite aiguille indique les heures. ☐ oui ☐ non

La grande aiguille indique les minutes. ☐ oui ☐ non

Lis les horaires des spectacles ci-dessous.

Écris le numéro du spectacle sous l'horloge correspondante.

Spectacles	Horaires
1 Les Trois Mousquetaires	9 h 30
2 L'Attaque des Vikings	10 h 00
3 Le Bal des fantômes	11 h 30
4 La Lance magique	12 h 00

....

Je m'entraîne

1 Relie chaque horloge au réveil qui indique la même heure.

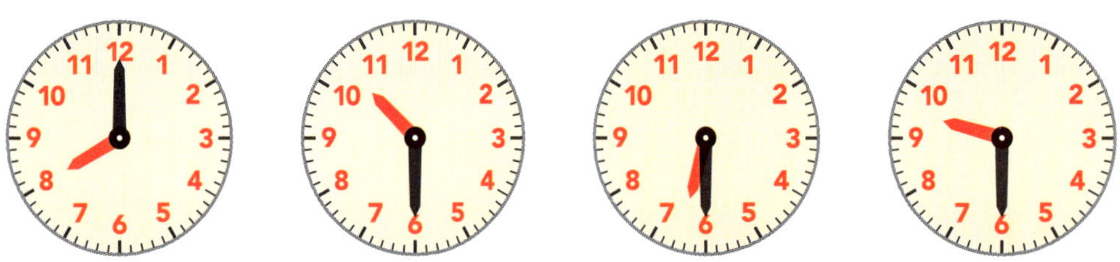

10 : 30, c'est 10 h 30 ou 10 heures et demie.

2 Écris l'heure sous chaque horloge.

.... h

.... h ....

3 Problème

Max peut-il entrer dans la bibliothèque ?

Observe et **coche** la bonne réponse.

BIBLIOTHÈQUE

Ouverture

de 9 h 30 à 12 h 00

☐ oui ☐ non

Compétence : Lire les heures entières et les demi-heures.

Calcul mental : Dictée de nombres de 3 chiffres. L'enseignant dit « 534 » ; l'élève écrit 534.

79 Reproduire une figure sur quadrillage (2)

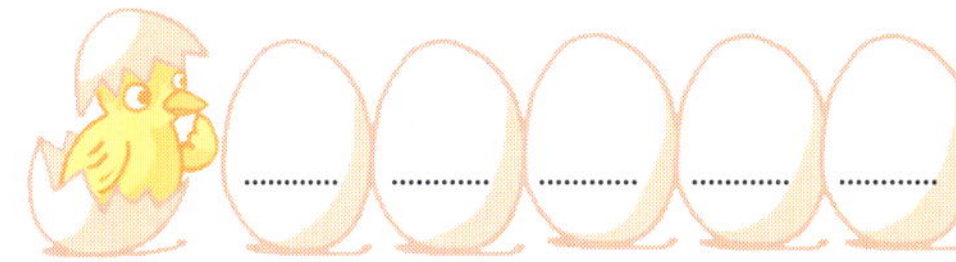

Découvrons ensemble

Aide Mélissa à reproduire le dessin.
Place les points importants en comptant les carreaux.
Relie les points à la règle au fur et à mesure que tu les places.

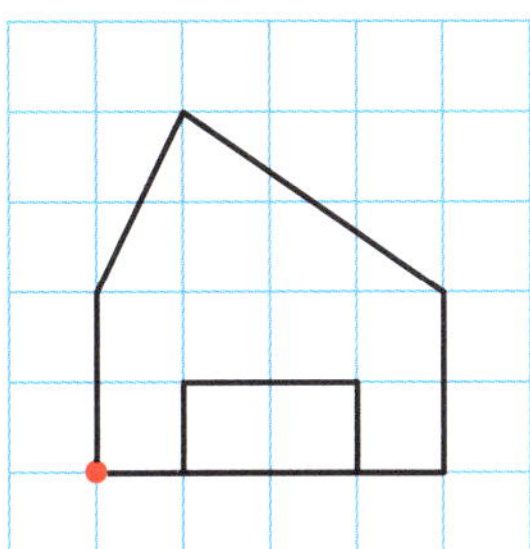

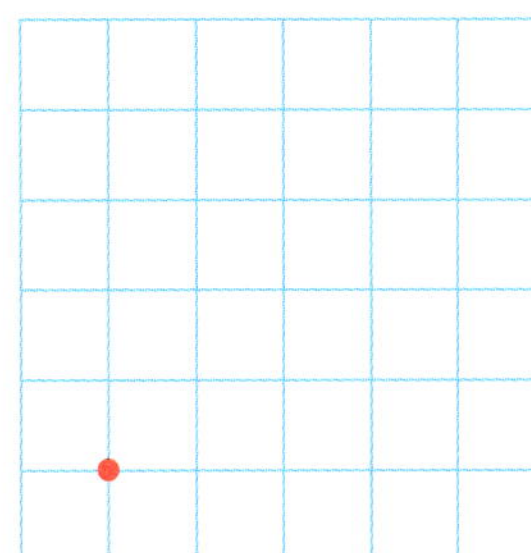

J'utilise des couleurs différentes pour marquer les points importants.

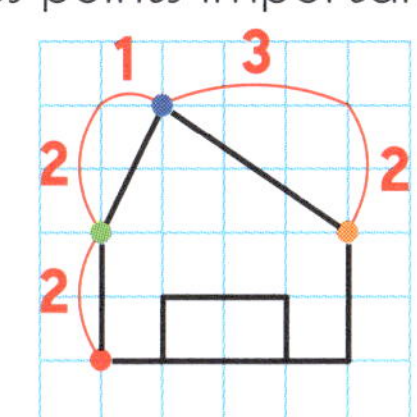

Je m'entraîne

1 **Reproduis** le dessin. **Aide**-toi des points colorés.

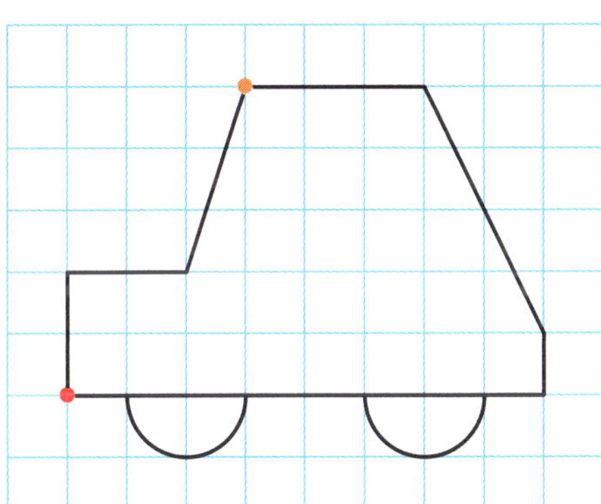

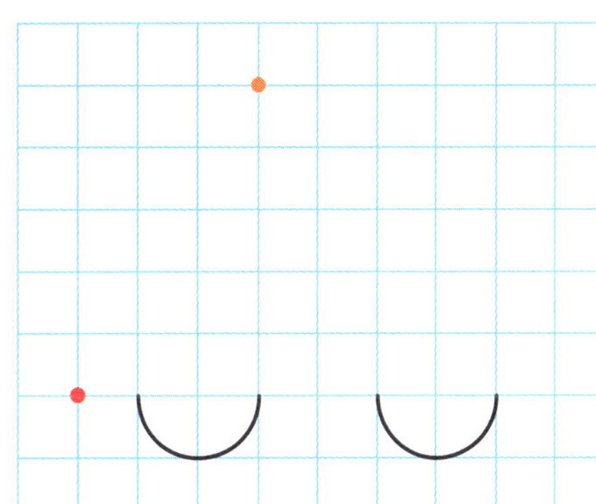

Relie les points au fur et à mesure que tu les places. N'attends pas de les avoir tous placés.

2 **Reproduis** le dessin. **Aide**-toi des points colorés.

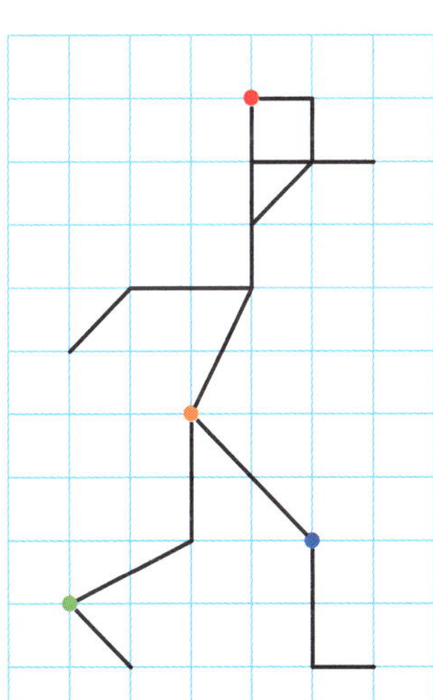

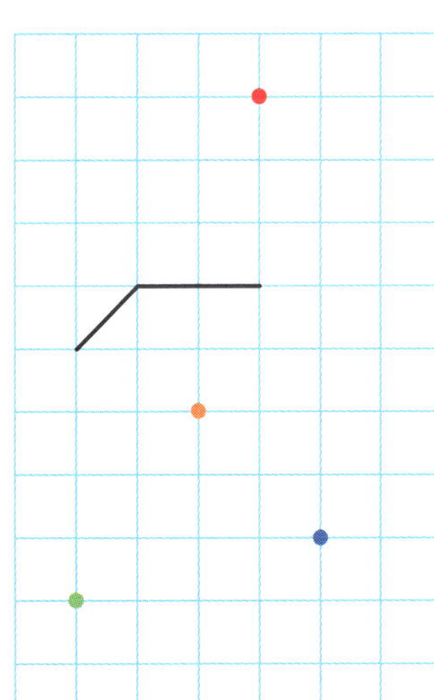

Le coin du chercheur

Tu obtiendras une égalité en déplaçant un bâtonnet. Barre-le et dessine-le à sa place.

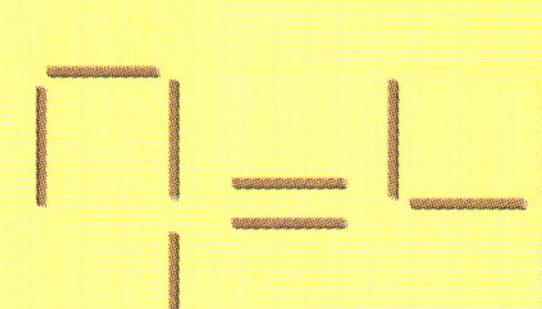

Compétence : Repérer des nœuds sur quadrillage pour reproduire une figure.
Calcul mental : Ajouter un petit nombre en deux temps. L'enseignant dit : « 87 + 3 », l'élève dit : « 90 » ; l'enseignant dit : « 87 + 5 », l'élève écrit 92.

Photofiches S35 et A17

80 Mesurer une longueur avec la règle graduée

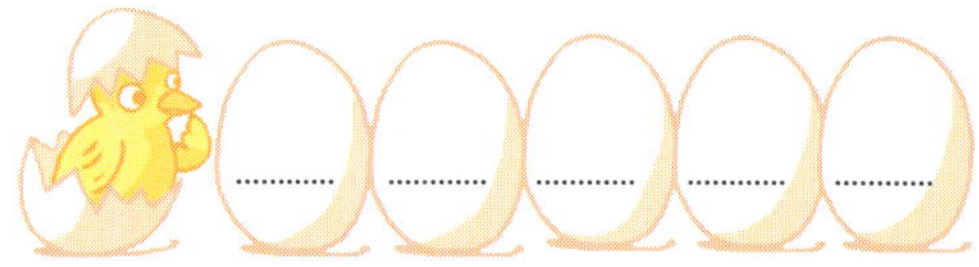

Découvrons ensemble

MATÉRIEL B

Compare la règle graduée de la page matériel à celle de ta trousse.

Sur la règle de ta trousse, la graduation zéro est-elle au bord ? *oui* ☐ *non* ☐

Entoure l'enfant qui mesure correctement le segment rouge.

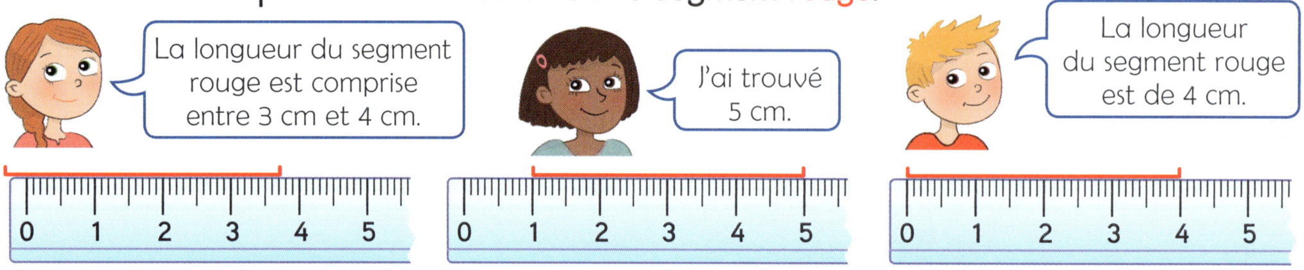

Je m'entraîne

1 **Entoure** l'enfant qui mesure correctement le segment bleu.

Le segment bleu mesure …… cm.

2 **Mesure** avec la règle de ta trousse, puis **complète**.

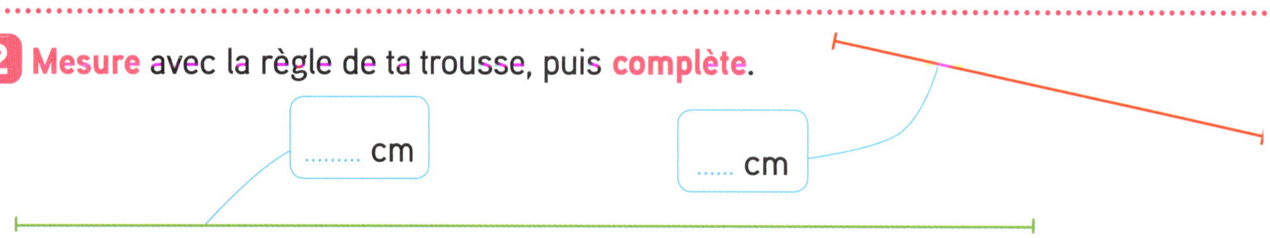

3 **Mesure** avec la règle de ta trousse, puis **complète**.

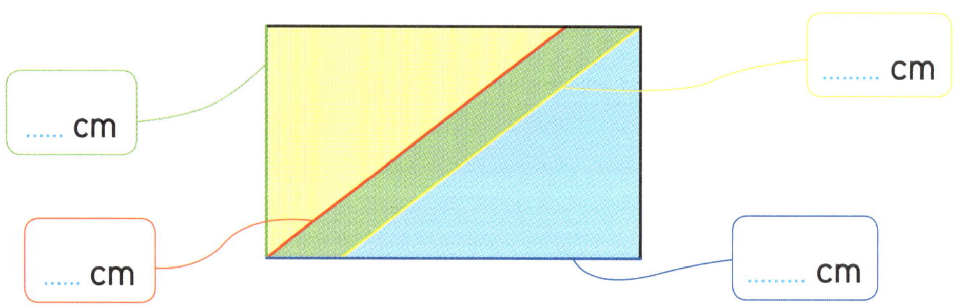

Compétence : Utiliser une règle graduée du commerce pour mesurer des longueurs en cm.
Calcul mental : Écrire le précédent. L'enseignant dit : « 400 » ; l'élève écrit 399.

Photofiche A18

81 Lire l'heure (2)

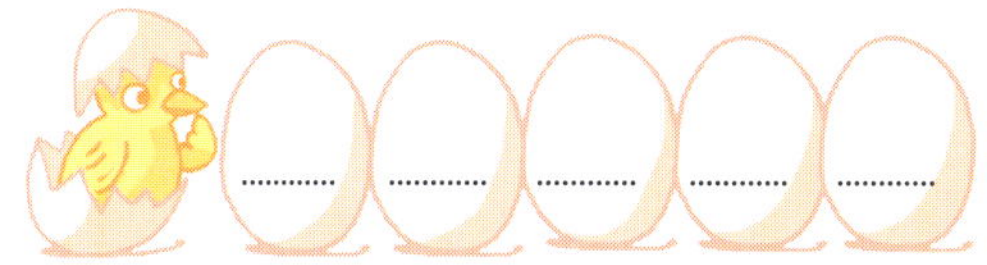

Découvrons ensemble

Observe et **complète**.

Demain, je prends le train à 7 h du soir.

Est-ce le train de 19 h ?

matin

...... h

+ 12 h →

soir

...... h

Les heures du soir sont écrites en bleu sur cette horloge.

MATÉRIEL C

Pour passer de l'heure du matin à l'heure du soir, on ajoute .... heures.

Je m'entraîne

1 **Écris** les heures du matin et du soir.

matin ...... h

soir ...... h

matin ...... h

soir ...... h

2 **Écris** les heures du matin et du soir.

matin ...... h ......

soir ...... h ......

matin ...... h ......

soir ...... h ......

3 **Problème**

Quelle heure est-il ?

Il est ....

C'est samedi soir.

Quel film Mélissa peut-elle encore voir ce soir ?

Films	Horaires
1 Fantômes !	18 h 00
2 Les Choupinettes	20 h 00
3 La Fée Zorzine	22 h 00

Mélissa peut voir le film numéro ....

Le coin du chercheur

Combien d'angles droits comptes-tu dans la figure bleue ?

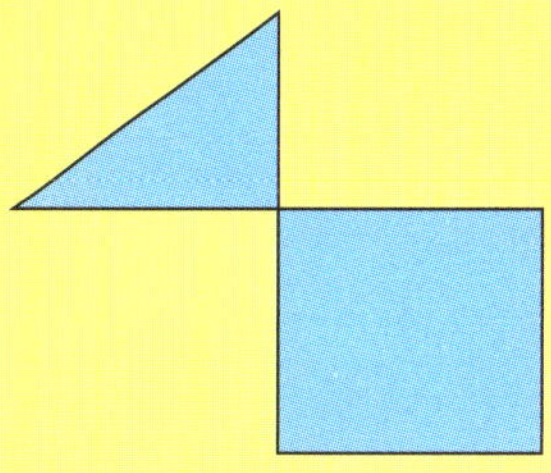

....

Compétence : Lire les heures du matin et du soir.

Calcul mental : Différence de nombres proches. L'enseignant écrit 21 – 19 = ... ; l'élève écrit 2.

Photofiches S36 et A19

82 Multiplication et tableau rectangulaire

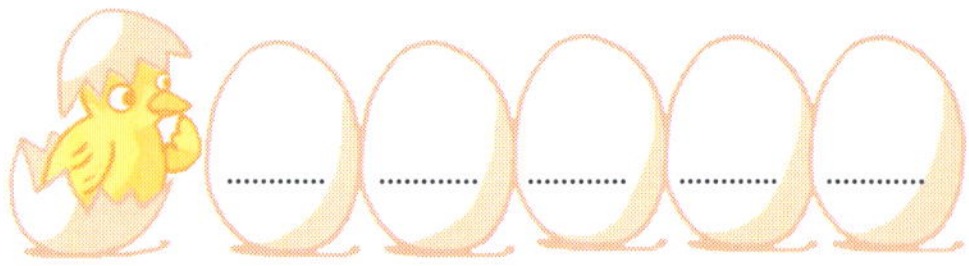

Découvrons ensemble

Mélissa veut connaître le nombre de carreaux du tapis sans déranger Médor.

Entoure le rectangle qui permet de trouver le nombre de carreaux.

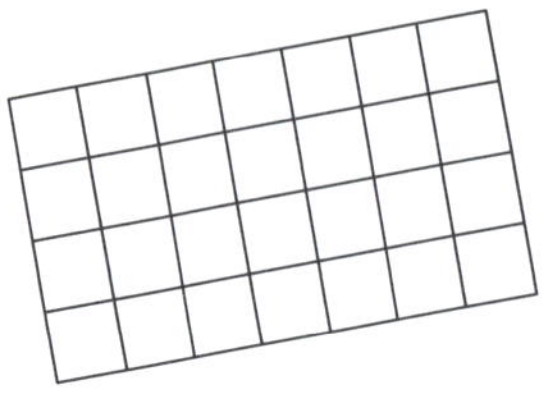

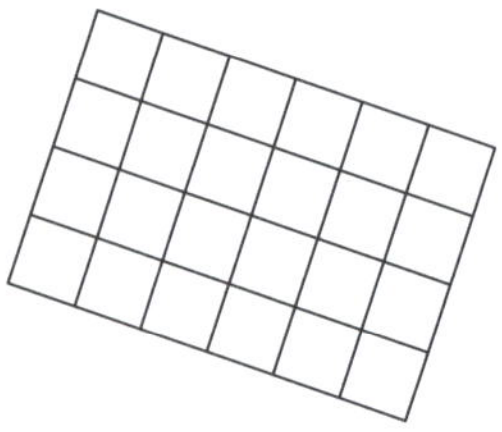

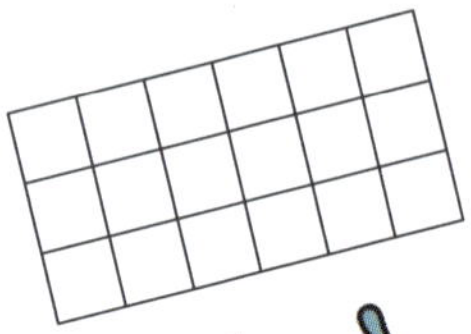

Pour trouver le nombre de carreaux du rectangle, tu peux les compter.

Le nombre de carreaux du tapis peut s'écrire avec **une multiplication** : 6 × 4 ou 4 × 6.
On dit : 6 **multiplié par** 4 ou 4 **multiplié par** 6.

Complète.

6 × 4 = 4 × 6 = ...   *Le tapis possède .... carreaux.*

Je m'entraîne

1 **Entoure** chaque étiquette de la couleur du rectangle qui lui correspond.

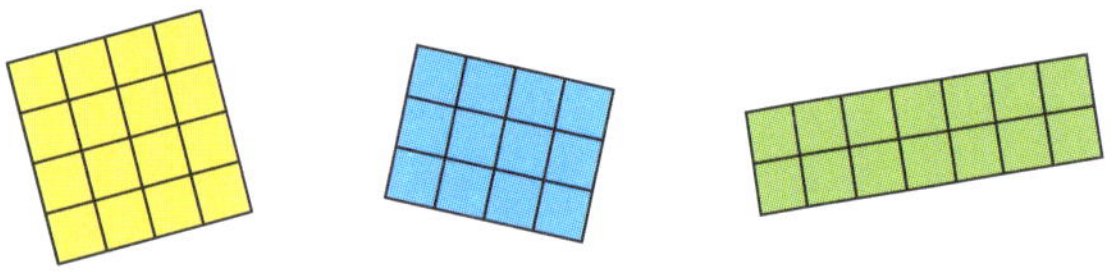

4 × 3   7 × 2   4 × 4   3 × 4

2 **Complète**.

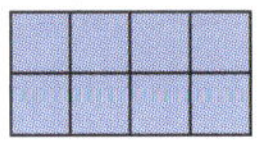

...... × ...... = ... × ...... = ...

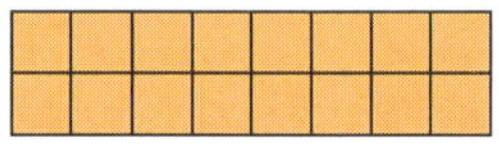

...... × ...... = ... × ...... = ...

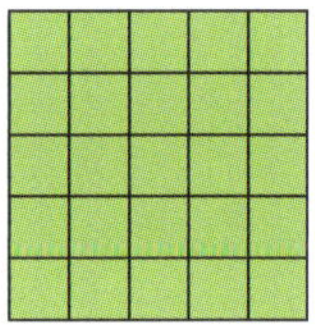

...... × ...... = ...

3 **Problème**

Entoure le rectangle qui correspond au nombre de carreaux du tapis.

Écris le nombre de carreaux du tapis.

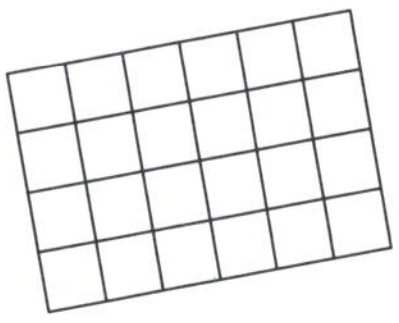

...... × ...... = ... × ...... = ...

Le tapis possède .... carreaux.

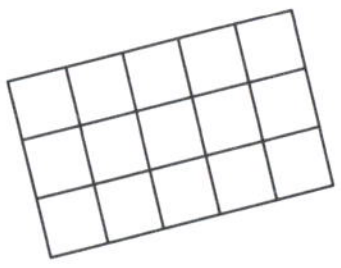

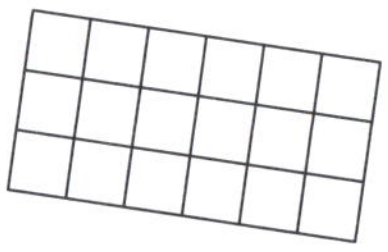

Compétences : Associer un tableau rectangulaire à un produit et trouver sa valeur.

Calcul mental : Retrancher 100. L'enseignant dit : « 257 – 100 » ; l'élève écrit 157.

Photofiches S37 et A20

83 Calculer un petit produit

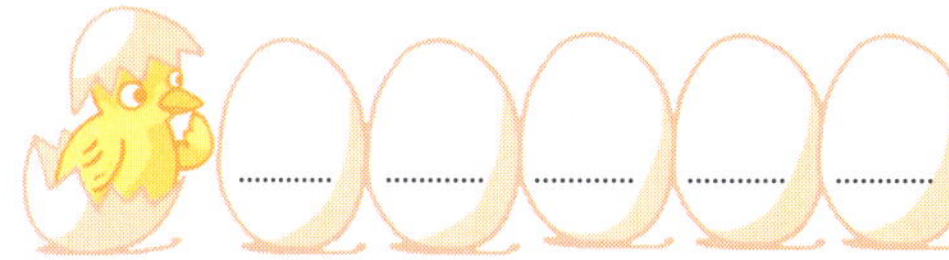

Découvrons ensemble

Léa et Théo calculent le nombre de chocolats de cette boîte.

Observe et **complète**.

Il y a 4 colonnes de 5 chocolats.

Il y a 5 lignes de 4 chocolats.

Il faut calculer 4 × 5 ou 5 × 4.

Léa calcule :

5 + 5 + 5 + 5 = ...
4 fois 5

5
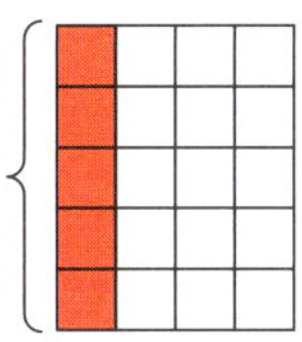
4

Théo calcule :

4 + 4 + 4 + 4 + 4 = ...
5 fois 4

5
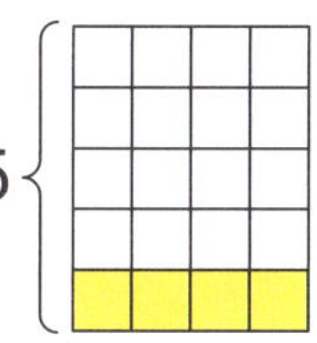
4

4 × 5 = 5 × 4 = ...

5 fois 4 est égal à 4 fois 5.

Je m'entraîne

1 **Complète** les égalités.

3 + ... = ...

4 + ... = ...

4 × 3 = 3 × 4 = ...

5 + ... = ...

3 + ... = ...

3 × ...... = 5 × ...... = ...

3 + ... = ...

3 × ...... = ...

2 **Problème**

Combien de biscuits cette boîte contient-elle ?

...... + ... = ...

...... × ...... = ...

Cette boîte contient .... biscuits.

Le coin du chercheur

Colorie la ficelle qui fait un nœud.

Compétence : Utiliser l'addition réitérée pour calculer un produit.

Calcul mental : Lire l'heure du matin. L'enseignant montre 9 h sur l'horloge ; l'élève écrit 9 h.

Photofiche A21

84 Tracer un segment de longueur donnée

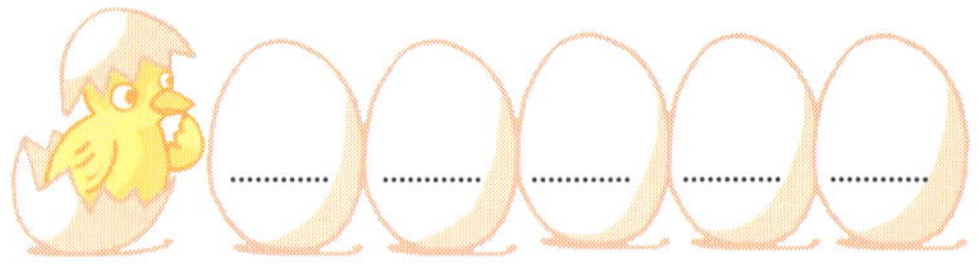

Découvrons ensemble

Observe comment Mélissa trace un segment rouge de 4 cm de longueur.

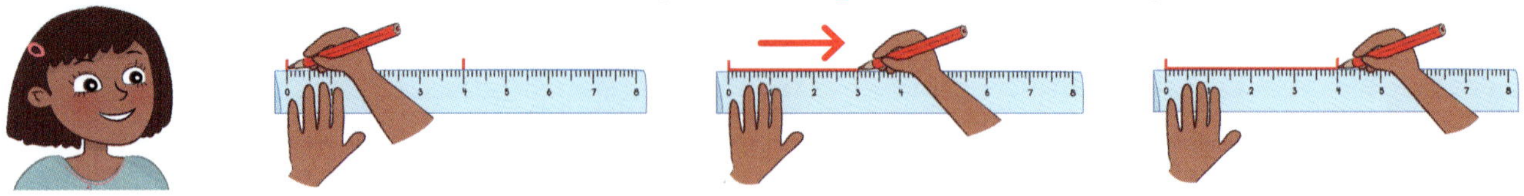

Trace un segment de 8 cm de longueur.

Prolonge le segment bleu pour qu'il mesure 10 cm de longueur.

Je m'entraîne

1 **Trace** les rayons du soleil de la longueur indiquée.

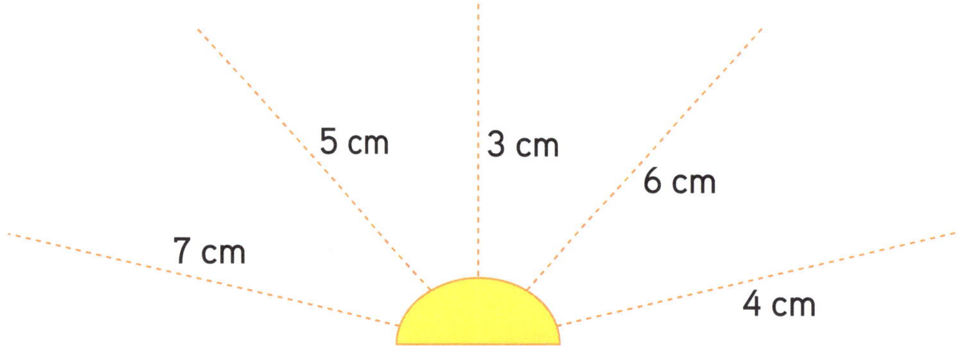

2 **Prolonge** ces segments pour que leur longueur soit égale à 6 cm.

3 **Calcule** et **complète**.

35 – 23	49 – 27	62 – 34
35 – 20 = ...	49 – 20 = ...	62 – .... = ...
.... – .... = ...	.... – .... = ...	.... – .... = ...
35 – 23 = ...	49 – 27 = ...	62 – 34 = ...

Compétence : Utiliser la règle graduée du commerce pour tracer ou prolonger un segment de longueur donnée.

Calcul mental : Lire l'heure du soir. L'enseignant montre 8 h sur l'horloge ; l'élève écrit 20 h.

85 Payer avec la monnaie

Découvrons ensemble

Observe et **coche** la bonne réponse.

Théo, Léa et Mélissa ont-ils la même somme d'argent ? ☐ oui ☐ non

Colle les pièces de la page matériel que Léa doit donner pour payer ce manga. MATÉRIEL E

Je m'entraîne

1 **Colle** les pièces de la page matériel que tu dois donner pour payer cette peluche. MATÉRIEL E

2 **Entoure** les pièces que tu dois donner pour payer cette voiture.

3 **Entoure** les pièces et billets que tu dois donner pour payer cette poupée.

Le coin du chercheur

Y a-t-il autant de cases noires que de cases blanches sur ce damier ?

oui ☐

non ☐

Compétence : Faire l'appoint en euros et centimes.

Calcul mental : Retrancher 1 petit nombre en 2 temps. L'enseignant dit : « 73 – 3 », l'élève dit : « 70 » ; l'enseignant dit : « 73 – 5 », l'élève écrit 68.

Photofiche S39

86 Calcul réfléchi : Passage de la centaine (2)

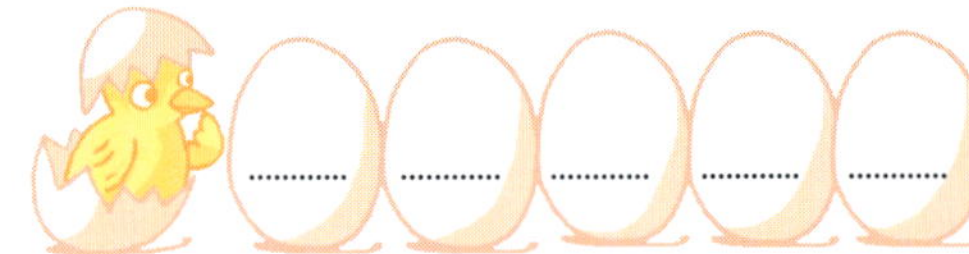

Découvrons ensemble

Théo calcule 197 + 7. **Complète.**

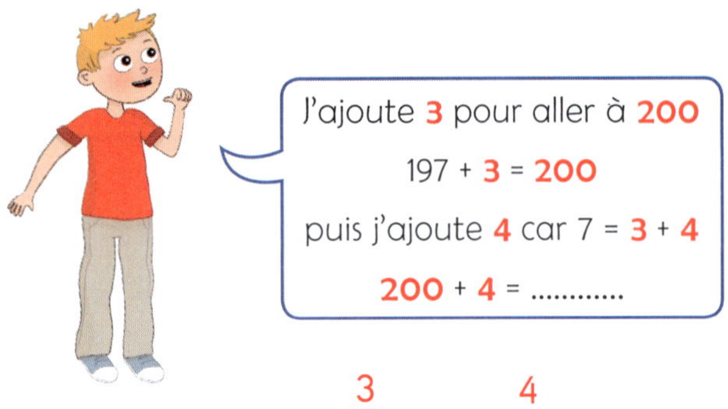

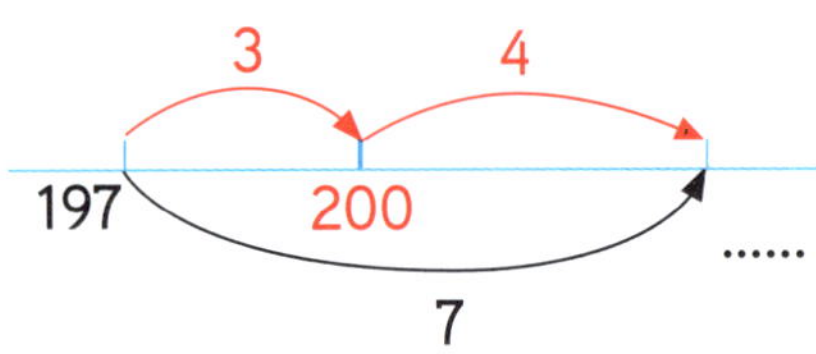

197 + 7 = ...

Léa calcule 207 – 9. **Complète.**

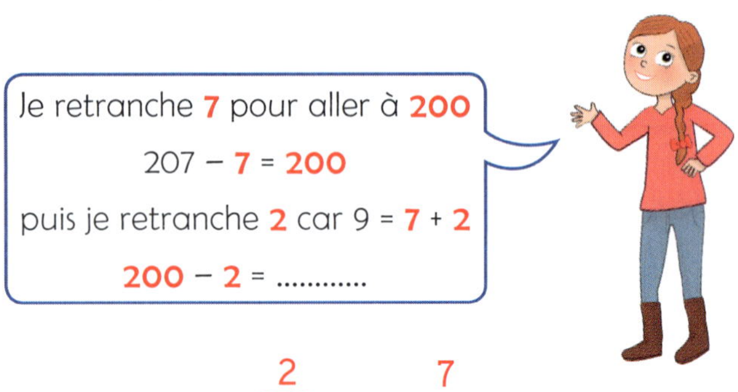

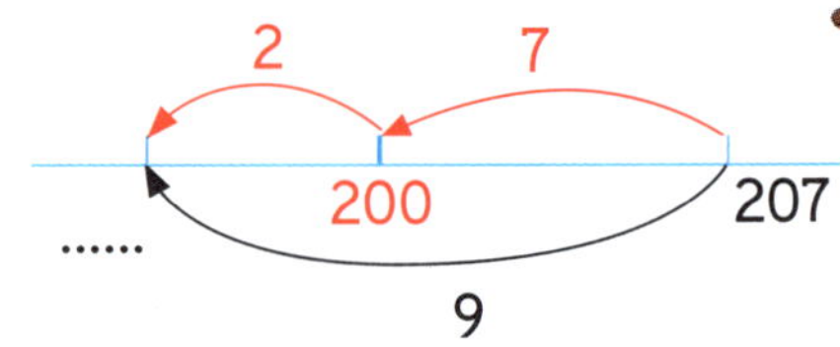

207 – 9 = ...

Je m'entraîne

1 **Calcule** comme Théo.

397 + 8

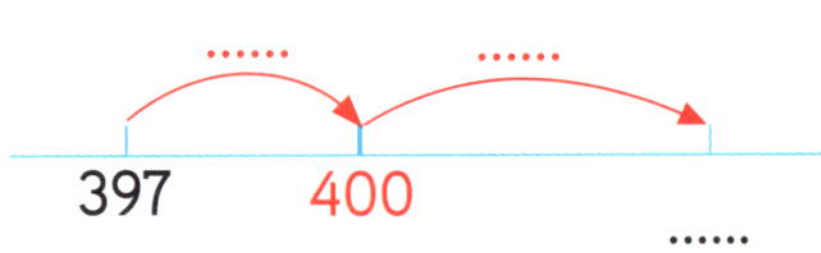

397 + 8 = ...

399 + 5

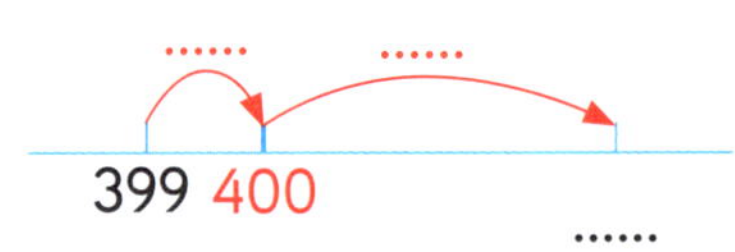

399 + 5 = ...

2 **Calcule** comme Léa.

503 – 4

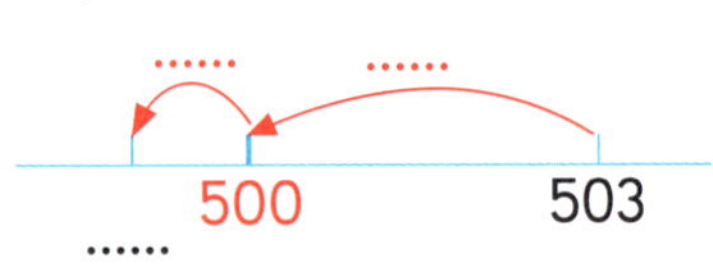

503 – 4 = ...

502 – 5

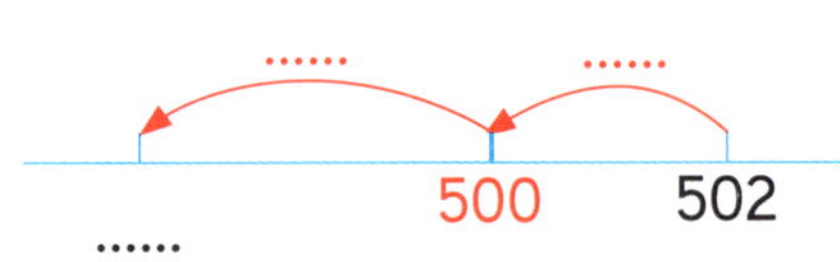

502 – 5 = ...

3 **Observe** et **complète.**

38 + 38 = 30 + 8 + 30 + 8 = 60 + 16 = 76

27 + 27 = ...

Compétence : Franchir la centaine en additionnant ou en soustrayant un petit nombre.

Calcul mental : Retrancher des dizaines à un nombre de 2 chiffres. L'enseignant dit : « 82 – 30 = ... » ; l'élève écrit 52.

87 Rendre la monnaie

Découvrons ensemble

Mélissa achète ce bouquet.	Elle donne :	**Entoure** ce que la fleuriste lui rend.

Complète.

13 € + ... € = 20 €

MATÉRIEL E MATÉRIEL F

Je m'entraîne

1

Théo achète cette lampe.	Il donne :	**Entoure** ce que la vendeuse lui rend.
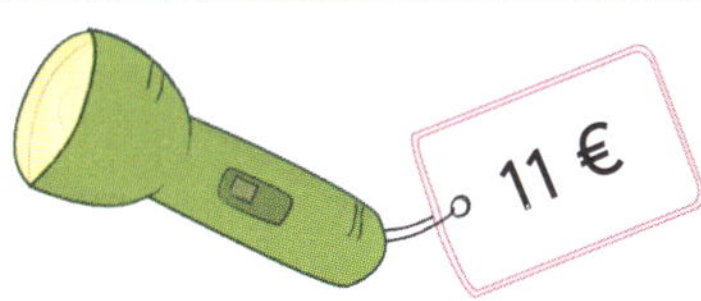		

Complète. 11 € + ... € = 20 €

2

Léa achète cette montre.	Elle donne :	**Entoure** ce que le vendeur lui rend.
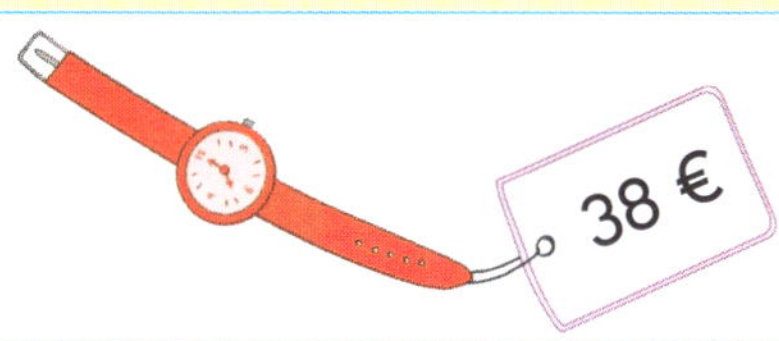		

Complète. 38 € + ... € = 50 €

3 **Problème :** Adam achète ce pain au chocolat.
Il donne 1 pièce de 1 € au boulanger.
Combien le boulanger lui rend-il ?

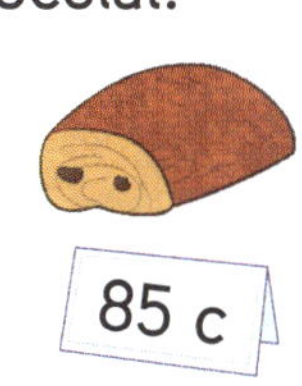

1 € = ... c

.... = ...

Le boulanger lui rend .... c.

Entoure les pièces rendues par le boulanger.

Le coin du chercheur

Qui a le plus grand pied ?
Entoure son prénom.

Compétences : Utiliser la monnaie : euros et centimes. Rendre la monnaie.
Calcul mental : Lire l'heure du soir. L'enseignant montre 9 h sur l'horloge ; l'élève écrit 21 h.

Photofiche P9

88 Problèmes : Situations additives ou soustractives (5)

1 Un car scolaire transporte 15 filles et 10 garçons.
Combien d'élèves le car transporte-t-il ?
Écris l'opération et **calcule**.

.... = ...

Complète la phrase réponse.

Le car transporte .... élèves.

2 Ce car scolaire transporte 25 élèves.
Combien de places libres reste-t-il ?
Complète l'opération à trou.

25 + ... = 30

Complète la phrase réponse.

Il reste .... places libres.

3 La fleuriste a composé un bouquet avec 8 tulipes, 11 marguerites et 5 roses.
Combien de fleurs ce bouquet contient-il ?

.... = ...

Ce bouquet contient .... fleurs.

4 Justine a composé un bouquet de 20 fleurs avec des marguerites et des bleuets.
Ce bouquet contient 13 marguerites.
Combien de bleuets le bouquet contient-il ?

13 + ... = 20

Ce bouquet contient .... bleuets.

Compétence : Résoudre un problème de composition d'états.
Calcul mental : Tables d'addition. L'enseignant dit : « 9 + 4 » ; l'élève écrit 13.

89 Maths Aventures [3]

Le parc d'accrobranche

Quand ta réponse est correcte, colorie la feuille d'arbre.

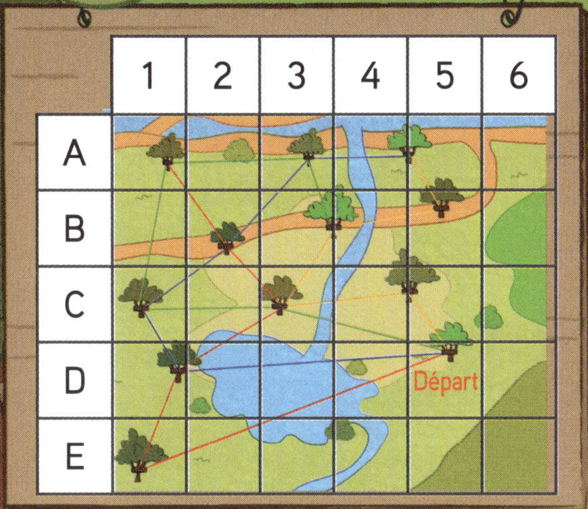

Longueur des parcours		Ouverture des parcours
1 Parcours Mowgli	430 m	9 h 00
2 Parcours Écureuil	320 m	10 h 00
3 Parcours Tarzan	480 m	10 h 00
4 Parcours Ouistiti	350 m	10 h 30

1 **Observe** le plan. Dans quelle case se trouve le Départ ?

(...... , ...)

2 Quelle heure est-il ?

....

3 Quel parcours est déjà ouvert ?

....

4 Quel est le nom du parcours le plus long ?

....

5 **Prolonge** la corde rouge pour que sa longueur totale soit égale à 7 cm.

ENTRÉE PARC 13 €

6 Théo donne un billet de 20 €. Combien lui rend-on ?

....

Si tu as colorié 5 ou 6 feuilles d'arbre, colorie la médaille d'or ; 3 ou 4 feuilles d'arbre, colorie la médaille d'argent ; sinon, colorie la médaille de bronze.

90 J'ai compris et je retiens (6)

Cette page t'aide à retenir ce qui est essentiel.

Je lis l'heure du matin.

7 h

7 h 30
ou 7 h et demie

Je lis l'heure du soir.

matin

7 h

+ 12 h →

soir

19 h

Je calcule une multiplication.

4 × 5 = 5 + 5 + 5 + 5 = 20
5 × 4 = 4 + 4 + 4 + 4 + 4 = 20

4 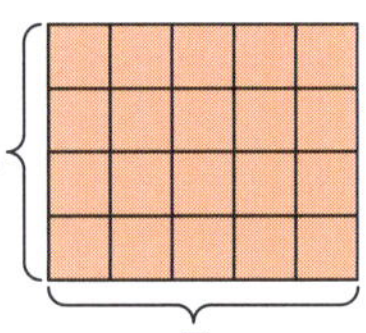 4 × 5 = 5 × 4

5

Je passe la centaine.

197 + 7

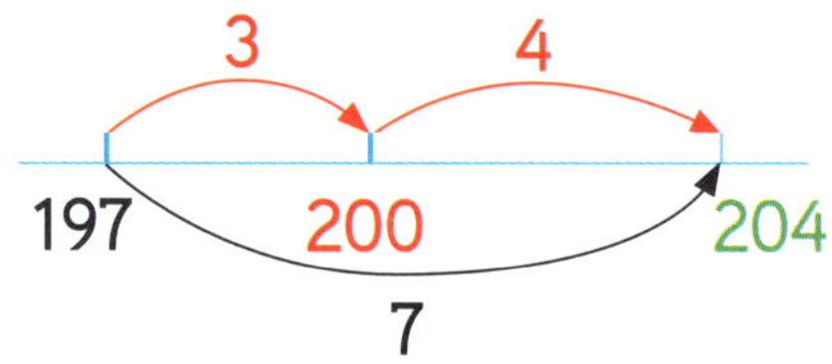

197 + 7 = 204

Je paie avec la monnaie.

J'achète :  3 € 40 c

Je paie avec :

2 € + 1 € + 40 c

→ 3 € 40 c

Je rends la monnaie.

J'achète :  85 c

Je paie avec : 

On me rend : 

car 85 c + 15 c = 100 c = 1 €

Je reproduis une figure.

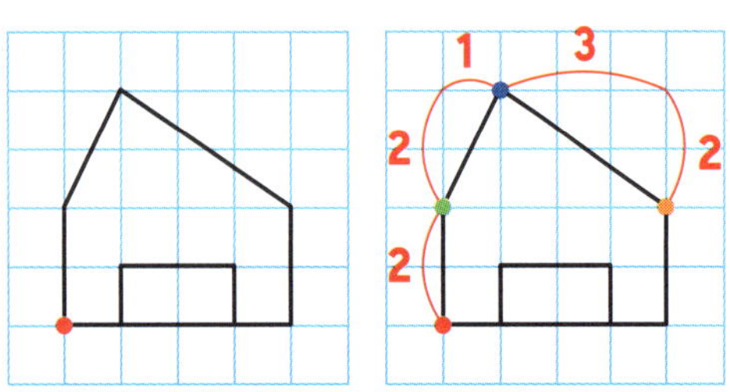

Je mesure une longueur.

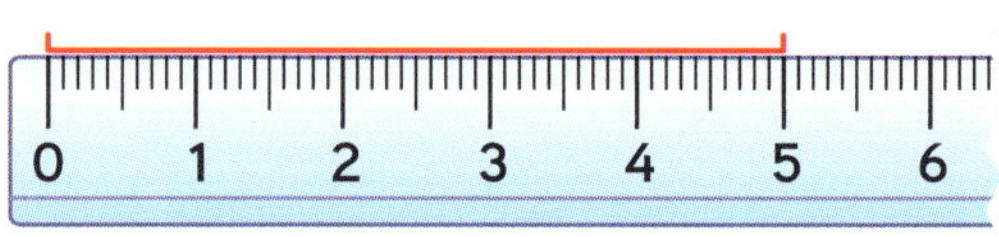

Le segment rouge mesure 5 cm.

91 Je fais le point (6)

SOCLE COMMUN

1 **Écris** le nombre de cases du rectangle.

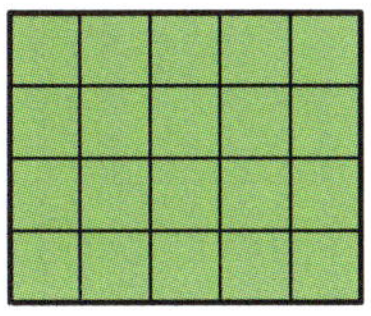

...... × ...... = ... × ...... = ...

Écrire un produit et trouver sa valeur.

2 **Complète.**

4 + 4 + 4 + 4 + 4 + 4 = ... × ......

7 + 7 + 7 = ... × ......

Écrire une addition réitérée sous forme d'un produit.

3 **Complète.**

5 + ... = ...

3 + ... = ...

3 × ...... = 5 × ...... = ...

Utiliser l'addition réitérée pour calculer un produit.

4 **Complète.**

matin : .... h

soir : .... h

matin : .... h ....

soir : .... h ....

Lire l'heure du matin et celle du soir.

5 **Mesure** et **complète**.

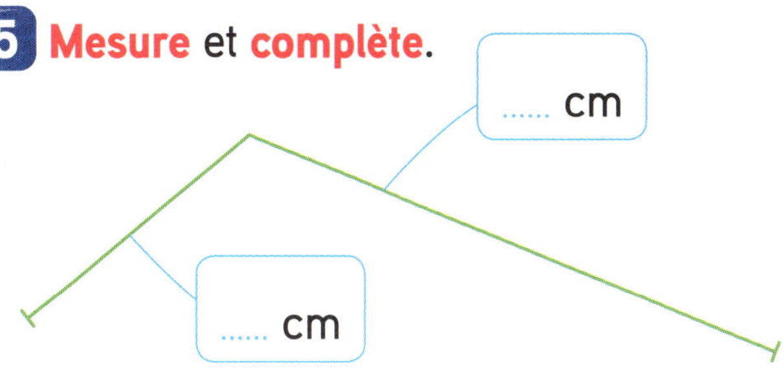

Mesurer une longueur.

6 **Trace** un segment bleu de 5 cm de longueur.

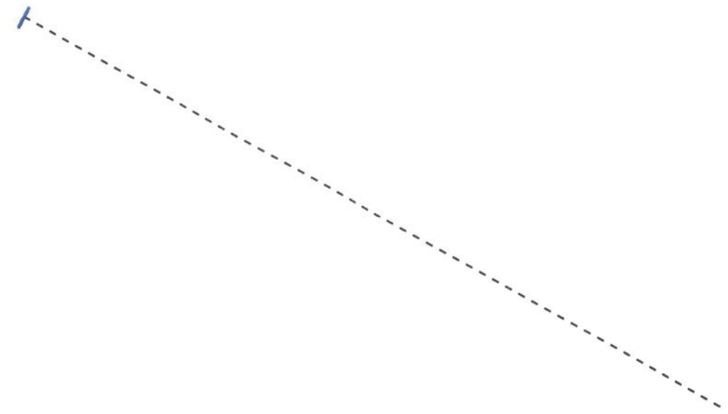

Tracer un segment de longueur donnée.

7 **Reproduis** la figure.

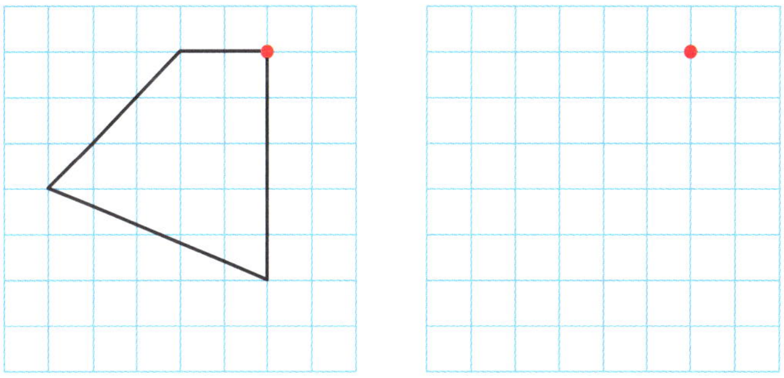

Reproduire une figure sur quadrillage.

8 **Entoure** les pièces et billets pour payer cette peluche.

Payer avec la monnaie.

Photofiche S40

92 Identifier un axe de symétrie par pliage

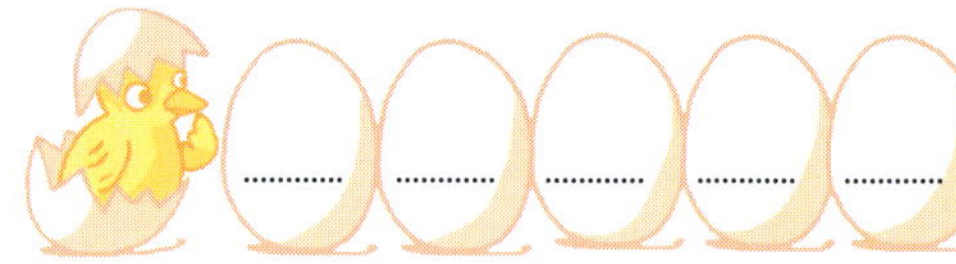

Découvrons ensemble

Découpe les figures A, B et C de la page matériel.
Trouve, par pliage, les axes de symétrie lorsqu'ils existent. **Trace**-les en rouge.
Colle les trois figures ci-dessous.

MATÉRIEL D

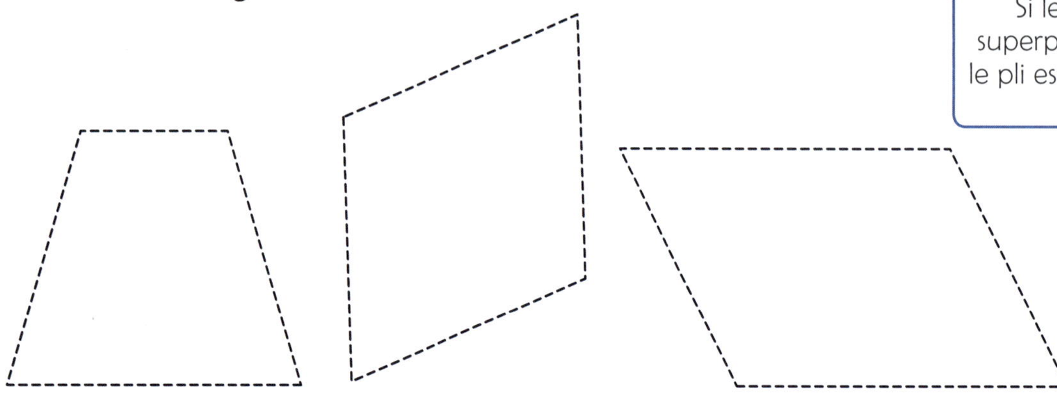

Je m'entraîne

1 **Observe** chaque figure. Le trait rouge est-il un axe de symétrie ?

MATÉRIEL D

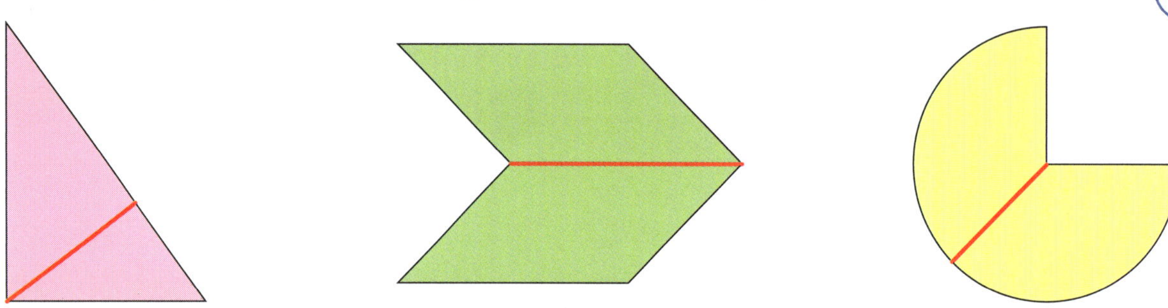

☐ oui ☐ non ☐ oui ☐ non ☐ oui ☐ non

Vérifie, par pliage, en utilisant les figures D, E et F de la page matériel.

2 **Découpe** les figures G et H de la page matériel.
Trouve, par pliage, des axes de symétrie. **Trace**-les en rouge.
Colle les figures ci-contre.

MATÉRIEL D

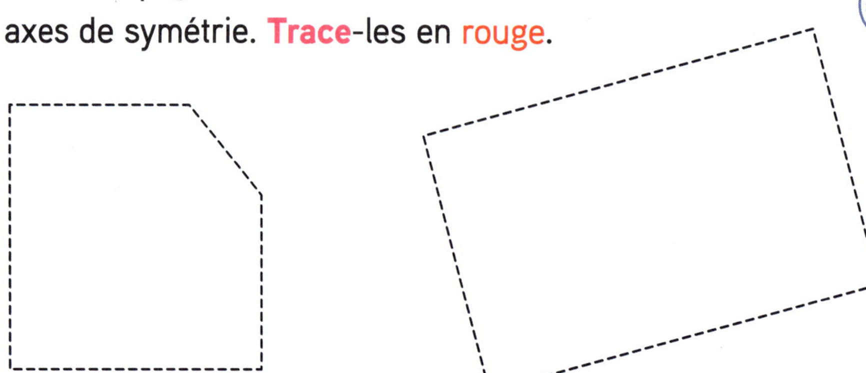

Compétence : Utiliser le pliage pour identifier un axe de symétrie.
Calcul mental : Complément de nombres proches. L'enseignant écrit : 29 + ... = 31 ; l'élève écrit 2.

93 Mesurer et ajouter des longueurs

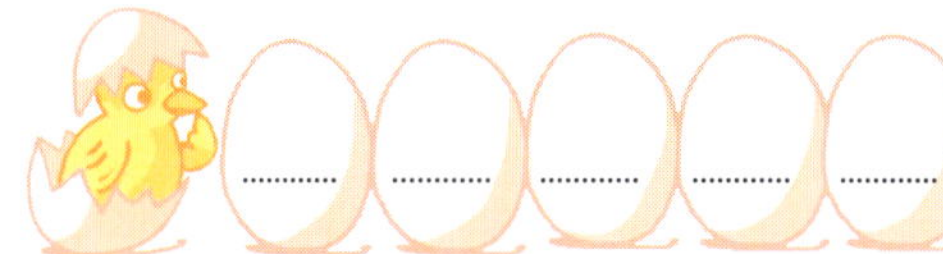

Découvrons ensemble

Mesure, avec la règle de ta trousse, les longueurs des bandes rouge, bleue et verte.

Calcule la somme des longueurs des bandes rouge et bleue. ...... cm + ... cm = ... cm

Cette somme est-elle égale à la longueur de la bande verte ? ☐ oui ☐ non

Je m'entraîne

1 **Complète** les étiquettes.

Calcule la longueur du chemin de la coccinelle.

...... cm + ... cm = ... cm

Le chemin mesure .... cm de longueur.

Trace un segment rouge de la même longueur que ce chemin.

|---

2 **Problème : Mesure** la longueur de chacun des côtés de la figure jaune, puis **complète**.

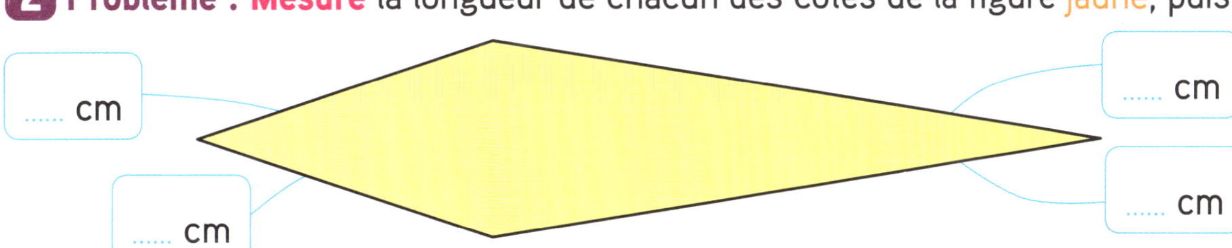

Calcule la longueur du tour de la figure jaune.

.... cm + ... cm + ... cm + ... cm = ... cm

Le tour de la figure mesure .... cm de longueur.

Le coin du chercheur

Il y a 40 yeux dans la classe. Combien d'oreilles y a-t-il ?

....

Compétences : Mesurer et additionner des longueurs.
Calcul mental : Ajouter 10 avec passage de la centaine. L'enseignant dit ou écrit : « 295 + 10 = ... » ; l'élève écrit 305.

94 Se repérer autour d'un objet

Découvrons ensemble

Théo a pris 4 photos.

Écris dans chaque case le numéro qui correspond à l'endroit où il se trouvait.

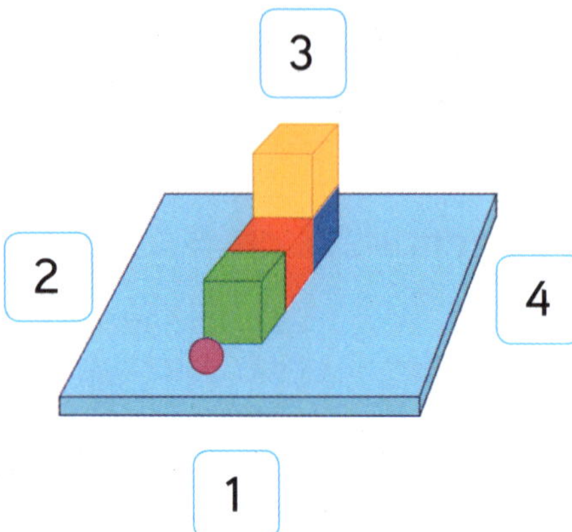

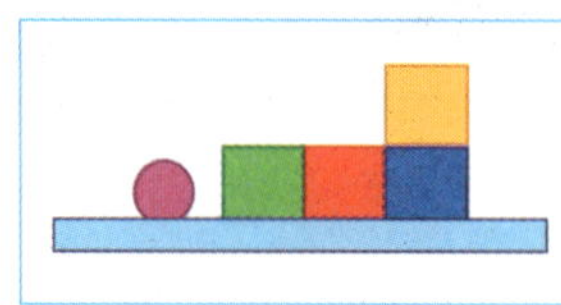 ......

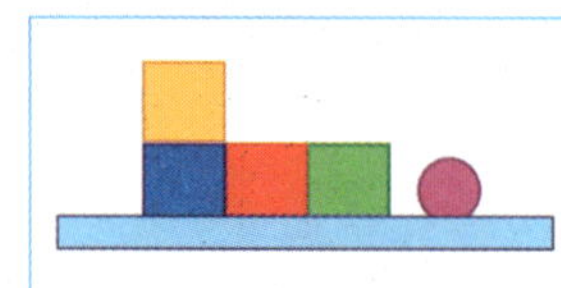 ......

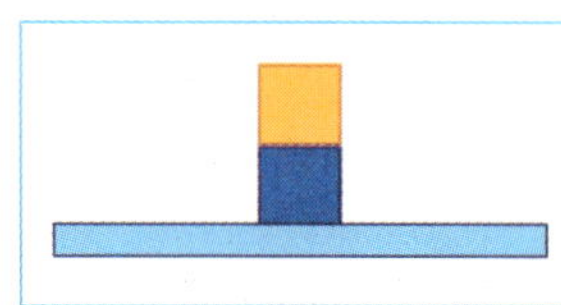 ......

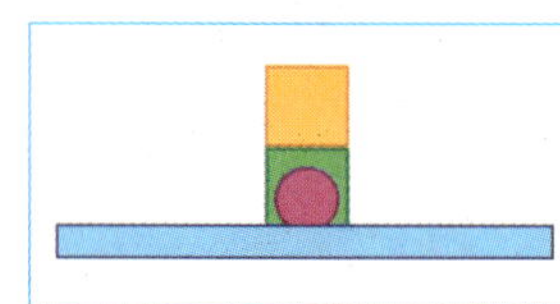 ......

Je m'entraîne

1 Léa a pris 4 photos.

Écris dans chaque case le numéro qui correspond à l'endroit où elle se trouvait.

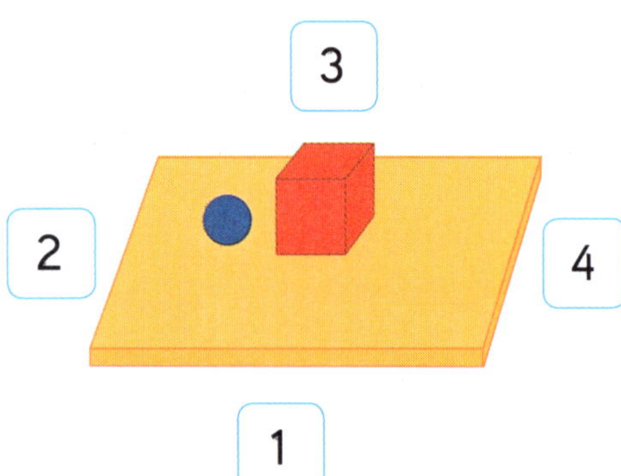

 ......

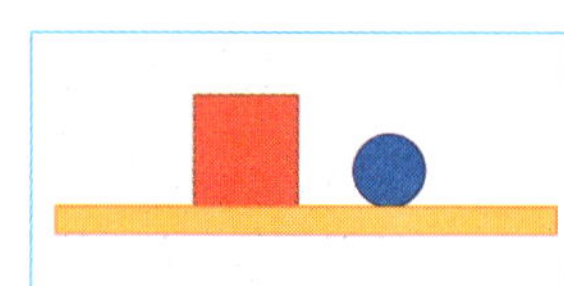 ......

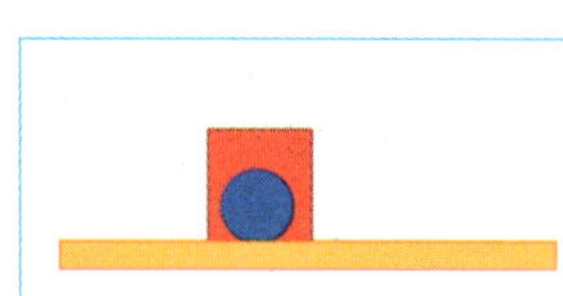 ......

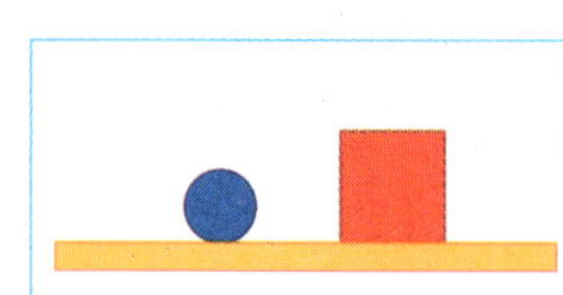 ......

2 **Découpe** les objets de la page matériel. Puis **colle**-les sur la table tels que les voit Théo.

MATÉRIEL G

Compétences : Situer des objets les uns par rapport aux autres ou par rapport à d'autres repères.

Calcul mental : Complément à la dizaine supérieure. L'enseignant écrit 76 + ... = 80 ; l'élève écrit 4.

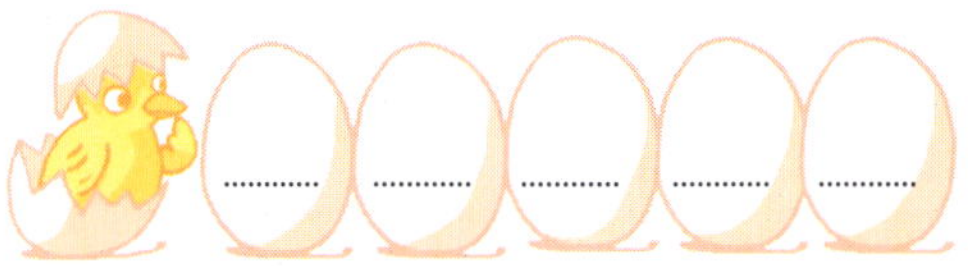

95 La semaine, le jour, l'heure, la minute

Découvrons ensemble

Observe et **complète**.

1 semaine = ... jours ; 1 jour = ... heures ; 1 heure = ... minutes

Complète avec *j* (jours), *h* (heures) ou *min* (minutes).

La récréation dure 15 ....

Le mois de janvier dure 31 ....

Le matin, la classe dure 3 ....

La cuisson du gâteau dure 35 ....

Je m'entraîne

1 Complète avec *semaine*, *j* (jour), *h* (heure) ou *min* (minute).

Les vacances d'hiver durent 2 ....

Je me brosse les dents durant 3 ....

Un match de tennis dure 2 ....

2 Relie les durées égales.

1 heure •	• 30 min
1 demi-heure •	• 24 h
2 heures •	• 60 min
1 jour •	• 120 min

3 Sur chaque étiquette, **colorie** la plus grande durée.

1 h	59 min	20 h	1 jour
70 min	1 h	2 h	100 min

4 Problème

Il sera ....

Le coin du chercheur

Combien de carrés comptes-tu ?

....

Compétence : Connaître les relations entre semaine, jour, heure et minute.

Calcul mental : Passage de la centaine. L'enseignant dit ou écrit : « 95 + 7 = ... » ; l'élève écrit 102.

96 Calcul réfléchi : Multiplier 2 petits nombres

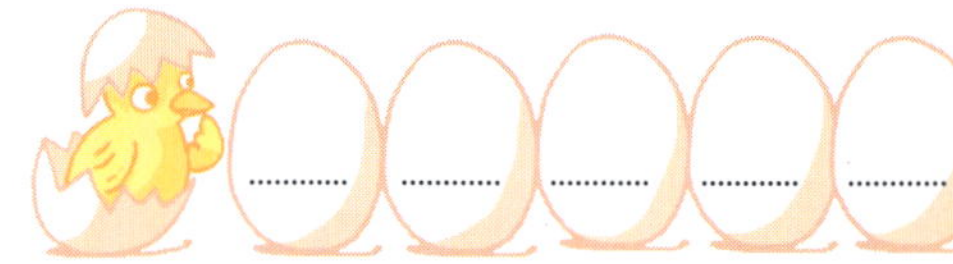

Découvrons ensemble

Théo, Léa et Mélissa calculent 7 × 3. **Complète** leurs calculs.

7 × 3 = ...

3 + 3 + 3 + 3 + ... + ... + ... = ...

7 × 3 = ...

7 + ... + ... = ...

7 × 3 = 3 × 7 = ...

Je m'entraîne

1 Comme Théo, **trace** les rectangles ou les carrés qui correspondent à ces multiplications, puis **complète**.

2 × 2 = ...

3 × 3 = ...

2 × 4 = ...

4 × 3 = ...

2 **Calcule** comme Léa ou Mélissa en effectuant des additions.

3 × 4 = ... + ... = ...

5 × 2 = ... + ... = ...

4 × 5 = ... + ... = ...

3 **Compte** de 10 en 10.

Compétence : Calculer un produit de petits nombres en utilisant le quadrillage ou l'addition réitérée.

Calcul mental : Ajouter des dizaines entières avec passage de la centaine. L'enseignant dit ou écrit : « 85 + 20 = ... » ; l'élève écrit 105.

97 Comparer, ordonner, intercaler les nombres jusqu'à 999

Découvrons ensemble

Compare les nombres de cerises de Théo et de Léa.

.... < ....

Compare les nombres de cerises de Léa et de Mélissa.

.... < ....

Range ces 3 nombres du plus petit au plus grand. .... < .... < ....

Intercale le nombre de cerises de Gaël parmi les nombres précédents.

.... < .... < .... < ....

Je m'entraîne

1 **Entoure** le plus grand des 2 nombres.

489 624

852 825

2 **Entoure** le plus petit des 3 nombres.

729 609 598

239 228 241

3 **Range** ces 4 nombres du plus grand au plus petit.

637 719 97 765

.... > .... > .... > ....

4 **Relie** chaque nombre à sa place.

597 578 640 604

5 **Écris** les nombres.

7 c 9 u	6 c 5 d 8 u	8 d 6 c
↓	↓	↓
....	....	....

Le coin du chercheur

Écris les nombres 1 ; 2 ; 3 ; 4 pour que la somme des nombres de la colonne soit égale à celle des nombres de la ligne.

		....
		....
5	....	....

Compétences : Comparer, ordonner et intercaler les nombres inférieurs à 1 000.

Calcul mental : Complément à une centaine. L'enseignant dit : « De 190 pour aller à 200... » ou écrit : 190 + ... = 200 ; l'élève écrit 10.

98 Compléter une figure par symétrie

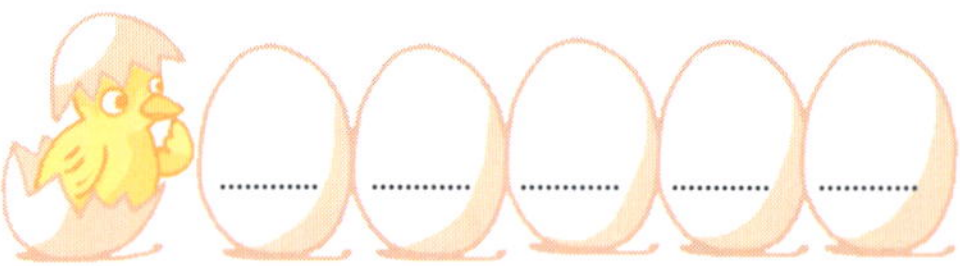

Découvrons ensemble

Décalque cette figure.

Retourne le calque et **complète** le papillon par symétrie.

Je m'entraîne

1 **Décalque** cette figure. **Retourne** le calque et **complète** la tortue par symétrie. **Colorie** la tortue à ton goût.

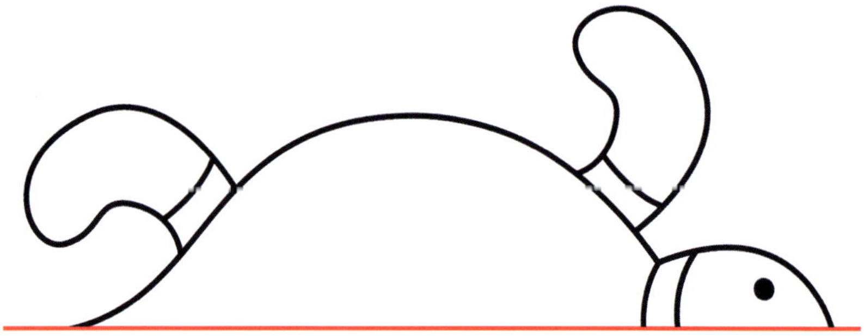

Compétence : Utiliser un calque pour compléter une figure qui possède un axe de symétrie

Calcul mental : Retrancher un petit nombre. L'enseignant dit : « 234 − 2 = ... » ; l'élève écrit 232.

99 Tracer un carré ou un rectangle à l'aide d'un gabarit

Découvrons ensemble

Le gabarit A de la page matériel possède 3 angles droits.
Utilise-le pour construire :

MATÉRIEL G

- un rectangle
- un carré

Pour le carré, n'utilise qu'un côté du gabarit.

Je m'entraîne

1 Le gabarit B de la page matériel est un carré déchiré.
Utilise-le pour construire un carré.

MATÉRIEL G

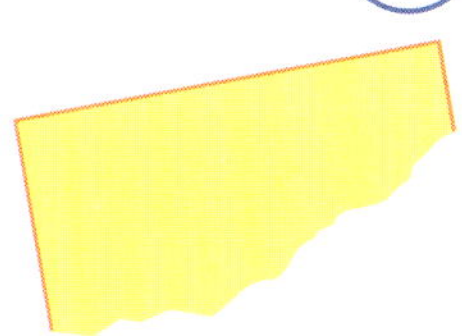

2 Le gabarit C de la page matériel est un rectangle déchiré.
Utilise-le pour construire un rectangle.

MATÉRIEL G

Tu peux retourner le gabarit.

3 **Entoure** le plus grand nombre de chaque nuage.

298 310

99 450 438

Le coin du chercheur

Quel nombre de trois chiffres se cache dans ce dessin ?

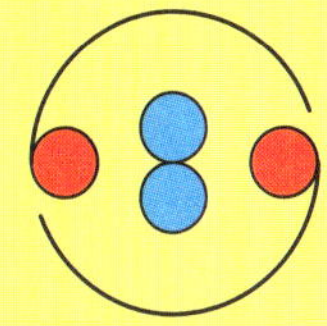

....

Compétence : Réinvestir les propriétés du carré et du rectangle pour tracer ces figures à l'aide d'un gabarit déchiré.
Calcul mental : Ajouter deux multiples de 5. L'enseignant écrit : 15 + 25 = ... ; l'élève écrit 40.

100 Multiplication : la table de 2

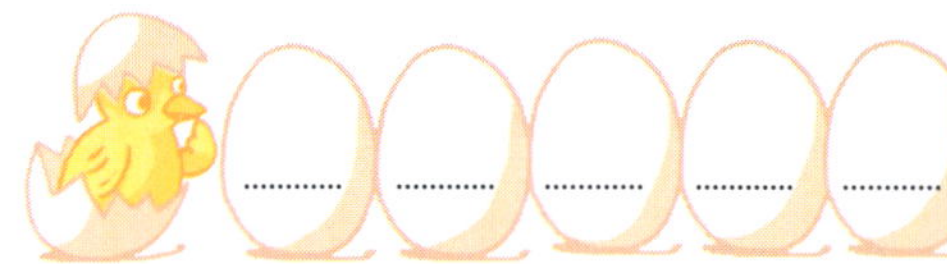

Découvrons ensemble

Aide Mélissa à compléter la table de 2.

1 × 2   2 × 2   3 × 2   4 × 2   5 × 2

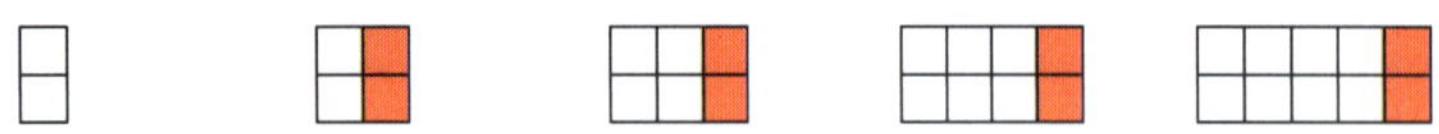

J'ai compris ! Pour trouver le résultat suivant, j'ajoute **2**.

Les résultats se terminent par 0, 2, 4, 6 ou 8. Ce sont des nombres pairs.

1 × 2 = 2
2 × 2 = 2 + 2 = 4
3 × 2 = 4 + 2 = 6
4 × 2 = 6 + 2 = 8
5 × 2 = 8 + ... = ...
6 × 2 = ... + ... = ...
7 × 2 = ...
8 × 2 = ...
9 × 2 = ...
10 × 2 = ...

Je m'entraîne

1 Mélissa a écrit la table de 2 en commençant chaque fois par 2. **Complète**-la.

Table de 2	
2 × 1	....
2 × 4	....
2 × 5	....
2 × 9	....
2 × 10	....

2 **Entoure** les nombres qui sont dans la table de 2.

6   10   15   12   8

1   7   14   20

3 **Problème**

7 enfants enlèvent leurs chaussures.
Combien de chaussures y a-t-il en tout ?

.... = ...

Il y a .... chaussures en tout.

4 **Calcule.**

28 – 10 = ...
63 – 20 = ...
54 – 10 = ...
76 – 30 = ...

Compétences : Construire et apprendre la table de 2 de la multiplication.
Calcul mental : Ajouter deux multiples de 5. L'enseignant écrit : 15 + 25 = ... ; l'élève écrit 40.

101 Reconnaître une situation multiplicative

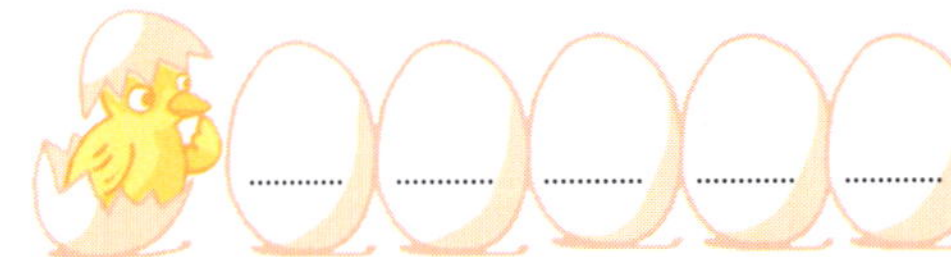

Découvrons ensemble

Théo et Léa comptent les perles de leurs bracelets.

Écris le nombre total de perles de Théo.

4 + 4 + 4 + ... = ... × ...... = ...

Écris le nombre total de perles de Léa.

...... + ... = ...

Peux-tu remplacer cette addition par une multiplication ?

☐ oui ☐ non

Je m'entraîne

1 Pour chaque étiquette, **écris** une multiplication quand c'est possible.

8 + 8 + 8 + 8	5 + 5 + 6 + 5	9 + 9 + 9 + 9 + 9	11 + 11 + 11
....	....	....	....

2 **Écris** le nombre total de figurines.

...... + ... + ... + ... = ...

Peux-tu remplacer cette addition par une multiplication ?

☐ oui ☐ non

3 **Écris** le nombre total de yaourts.

...... + ... + ... = ...

Peux-tu remplacer cette addition par une multiplication ?

☐ oui ☐ non

Écris-la. ...... × ...... = ...

4 **Trace** un segment vert de 6 cm de longueur.

Le coin du chercheur

Écris les nombres 7, 8 et 9 dans les cases vides pour que les flèches de même couleur donnent le même total.

....	4	→
3	....	→
....	5	→
↓	↓	

Compétences : Reconnaître une situation multiplicative et la résoudre.

Calcul mental : Différence de deux nombres proches. L'enseignant écrit 251 − 248 = ... ; l'élève écrit 3.

102 Problèmes : Jeu du chapeau (3)

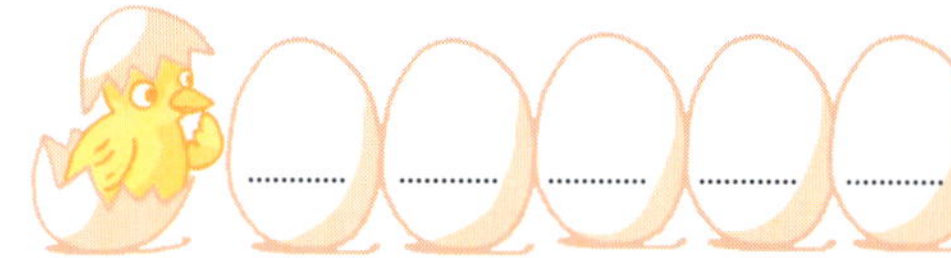

● = 1 point
● = 10 points
● = 100 points

Combien de points as-tu retirés ou ajoutés sous le chapeau ?

1

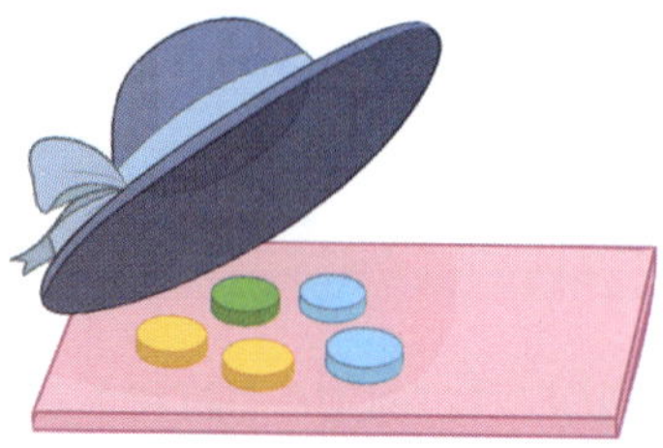

J'ai .... points. Je retire des points. J'obtiens .... points.

J'ai retiré .... jeton bleu, ... jeton vert et .... jeton jaune.

Donc j'ai retiré .... points.

2

J'ai .... points. J'ajoute des points. J'obtiens .... points.

J'ai ajouté .... jeton bleu, ... jeton vert et .... jeton jaune.

Donc j'ai ajouté .... points.

3

J'ai .... points. Je retire des points. J'obtiens .... points.

J'ai retiré .... jeton bleu, ... jeton vert et .... jetons jaunes.

Donc j'ai retiré .... points.

Compétences : Résoudre des situations additives ou soustractives. Renforcer la compréhension de la numération décimale.
Calcul mental : Table de multiplication de 5. L'enseignant dit : « 3 × 5 » ; l'élève écrit 15.

103 Problèmes : Situations additives ou soustractives (6)

....

1

Julie arrive à l'école.

À la récréation, elle gagne des cartes.

À midi, elle rentre chez elle.

Combien de cartes a-t-elle gagnées ?

Écris l'opération et **calcule**. .... = ... *Elle a gagné .... cartes.*

2

Mélissa arrive à l'école.

À la récréation, elle distribue des bonbons.

À midi, elle rentre chez elle.

Combien de bonbons a-t-elle distribués ?

Écris l'opération et **calcule**. .... = ... *Elle a distribué .... bonbons.*

3

Théo arrive à l'école.

À la récréation, il joue aux billes.

À midi, il rentre chez lui.

A-t-il gagné ou perdu des billes ? Combien ?

Écris l'opération et **calcule**. .... = ... *Il a .... billes.*

Compétence : Trouver la valeur d'une transformation dans un problème de transformation d'états.
Calcul mental : Tables d'addition. L'enseignant dit : « 7 + 5 » ; l'élève écrit 12.

104 J'ai compris et je retiens (7)

Cette page t'aide à retenir ce qui est essentiel.

Je compare 2 nombres de 3 chiffres.

Pour comparer 2 nombres de 3 chiffres, je compare leurs chiffres à partir de la gauche.

827 est plus grand que 698, car 8 est plus grand que 6.

678 est plus grand que 652, car 7 est plus grand que 5.

Je connais la table de multiplication de 2.

1 × 2 = 2	6 × 2 = 12
2 × 2 = 4	7 × 2 = 14
3 × 2 = 6	8 × 2 = 16
4 × 2 = 8	9 × 2 = 18
5 × 2 = 10	10 × 2 = 20

Je multiplie 2 petits nombres.

Pour calculer 7 fois 3, c'est plus rapide de calculer 3 fois 7.

7 × 3 = 3 × 7 = 7 + 7 + 7

7 × 3 = 21

Je connais les relations entre la semaine, le jour, l'heure et la minute.

1 semaine = 7 jours (j)

1 jour (j) = 24 heures (h)

1 heure (h) = 60 minutes (min)

J'identifie un axe de symétrie.

Si, par pliage, les deux moitiés d'une figure se superposent exactement, la figure a un **axe de symétrie**.
Le pli est l'axe de symétrie.

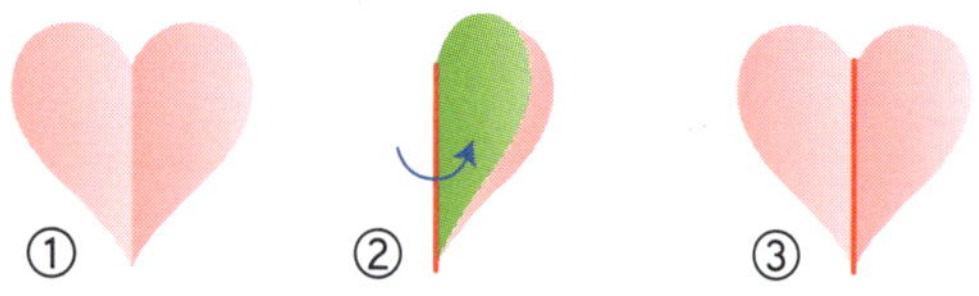

Je me repère autour d'un objet.

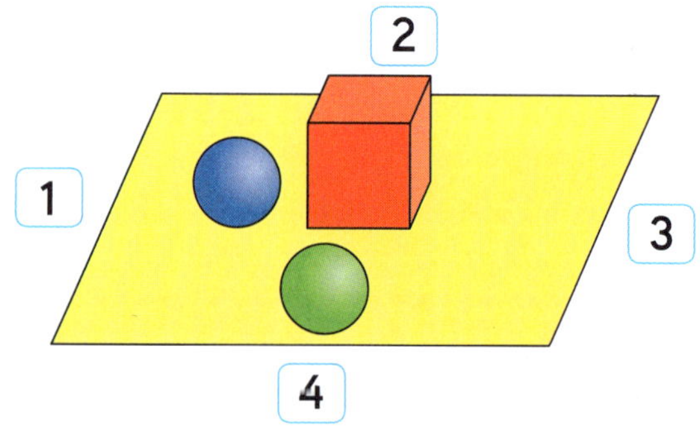

Cette photo a été prise depuis la position 1.

J'ajoute des longueurs.

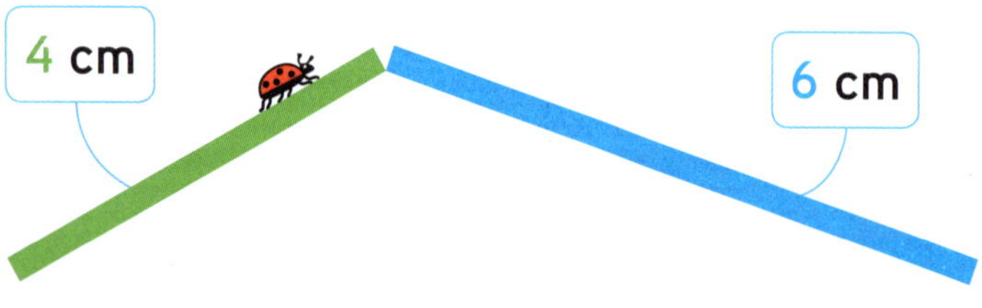

4 cm + 6 cm = 10 cm

Le chemin de la coccinelle a une longueur de 10 cm.

105 Je fais le point (7)

SOCLE COMMUN

1 **Entoure** le plus grand nombre de chaque parchemin.

Comparer deux nombres de 3 chiffres.

2 **Complète**.

2 × 2 = ...   5 × 2 = ...

7 × 2 = ...   9 × 2 = ...

Connaître la table de multiplication de 2.

3 **Calcule** en effectuant des additions.

4 × 6 = ... = ...

3 × 9 = ... = ...

Calculer le produit de 2 petits nombres par addition réitérée.

4 **Complète**.

1 jour = ... heures

1 heure = ... minutes

1 semaine = ... jours

Connaître les relations entre semaine, jour, heure, minute.

5 **Découpe** les 2 figures de la page matériel.
Trouve, par pliage, les axes de symétrie.
Trace-les en rouge.
Colle les figures ci-dessous.

MATÉRIEL G

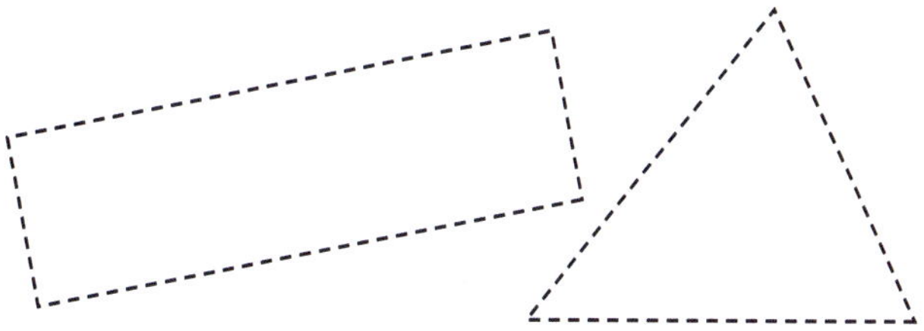

Utiliser le pliage pour identifier un axe de symétrie.

6 **Mesure** et **complète**.

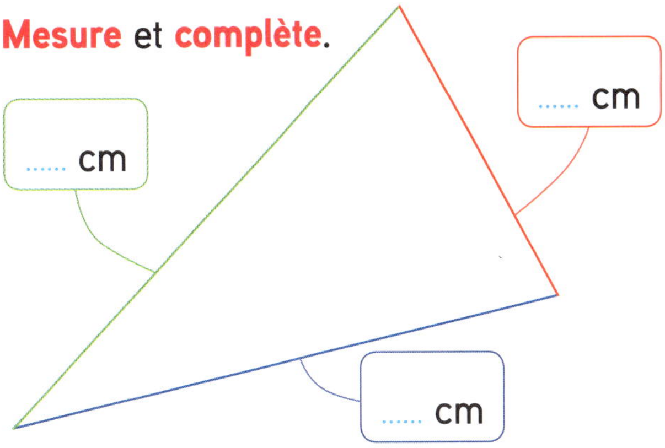

Longueur totale du tour du triangle :

.... = ...

Mesurer et additionner des longueurs.

7 **Écris** dans chaque case le numéro qui correspond à l'endroit où la photo a été prise.

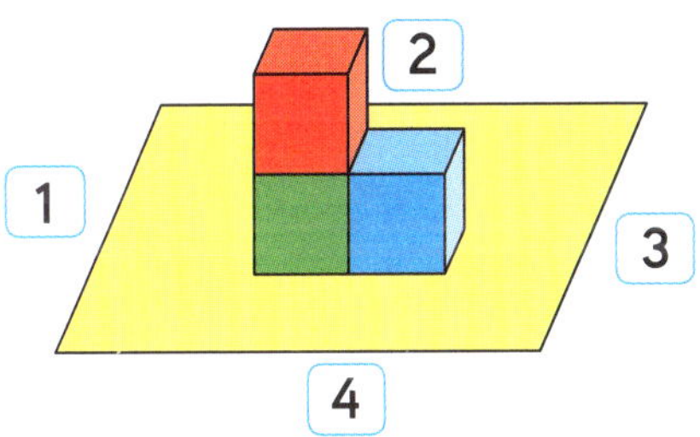

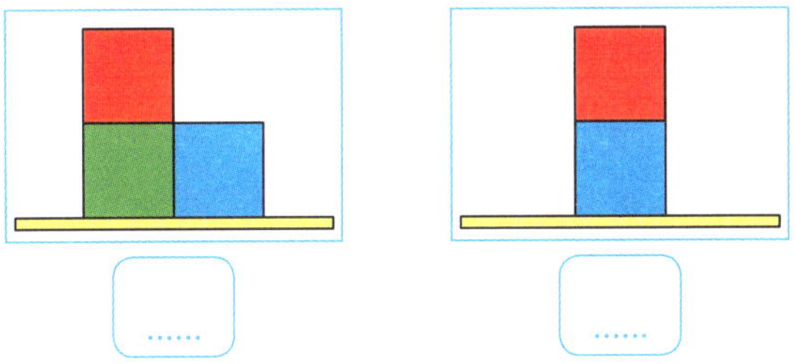

Reconnaître des points de vue.

8 Le matin, Lisa arrive à l'école avec 20 billes. À la récréation, elle joue aux billes. À midi, elle possède 15 billes.

A-t-elle gagné ou perdu des billes ? Combien ?

.... = ...

Lisa a .... billes.

Trouver la valeur d'une transformation d'état.

106 Multiplication : la table de 5

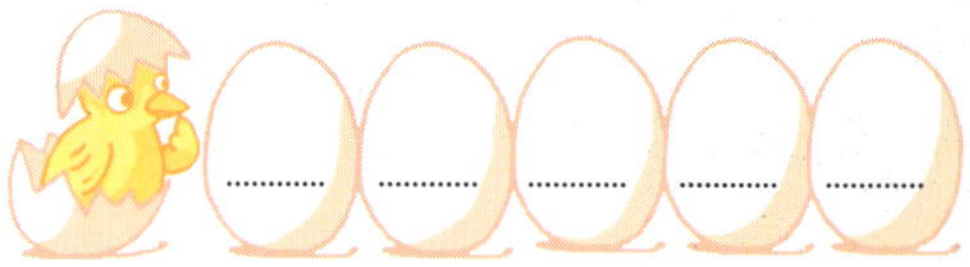

Découvrons ensemble

Aide Mélissa à compléter la table de 5.

1 × 5 2 × 5 3 × 5 4 × 5 5 × 5

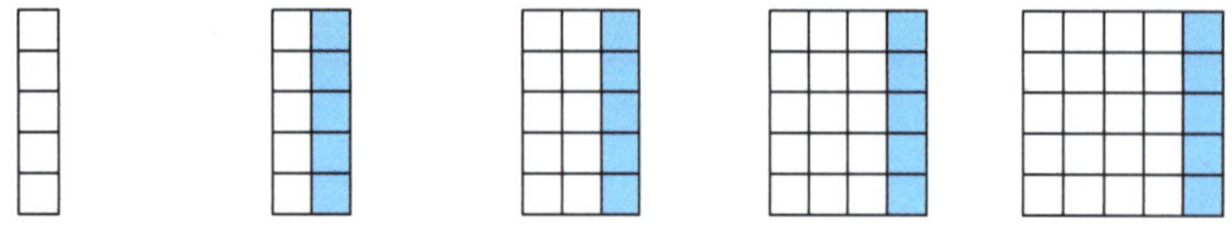

J'ai compris ! Pour trouver le résultat suivant, j'ajoute 5.

Tous les résultats se terminent par 0 ou 5.

1 × 5 = 5
2 × 5 = 5 + 5 = 10
3 × 5 = 10 + 5 = 15
4 × 5 = 15 + 5 = 20
5 × 5 = 20 + ... = ...
6 × 5 = ... + ... = ...
7 × 5 = ...
8 × 5 = ...
9 × 5 = ...
10 × 5 = ...

Je m'entraîne

1 Mélissa a écrit la table de 5 en commençant chaque fois par 5. **Complète**-la.

Table de 5	
5 × 2	....
5 × 3	....
5 × 5	....
5 × 6	....
5 × 9	....
5 × 10	....

2 **Entoure** les nombres qui sont dans la table de 5.

15 18 20 35 9

7 40 25 19 10

3 **Problème**

Ma petite sœur a 3 ans. J'ai 5 fois son âge.

Quel est mon âge ?

.... = ...

J'ai .... ans.

4 **Calcule** en t'aidant de la droite graduée.

615 – 8 = ... | 603 – 5 = ... | 601 – 4 = ...

Compétences : Construire et apprendre la table de 5 de la multiplication.

Calcul mental : Somme de dizaines entières (sans passage à la centaine). L'enseignant écrit : 150 + 20 = ... ; l'élève écrit 170.

Photofiche S43

107 Calcul réfléchi : Multiplier par 10

Découvrons ensemble

Théo calcule 3 × 10. **Complète.**

Pour trouver 3 × 10, je calcule 3 fois 10.

3 × 10 = 10 + 10 + 10

3 × 10 = ...

J'ai compris ! Pour multiplier un nombre par 10 j'écris un **0** à droite de ce nombre.

Léa calcule 12 × 10. **Complète.**

10, c'est une dizaine.

12 × 10 = 12 dizaines

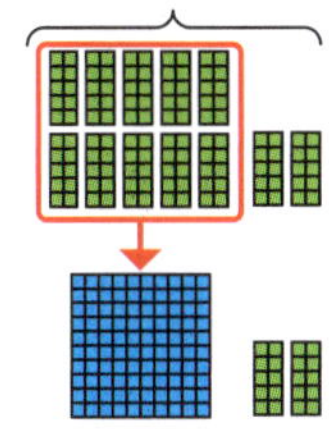

12 × 10 = 1 c 2 d = ...

Je m'entraîne

1 Complète la table de 10.

1 × 10 = ...
2 × 10 = ...
3 × 10 = ...
4 × 10 = ...
5 × 10 = ...
6 × 10 = ...
7 × 10 = ...
8 × 10 = ...
9 × 10 = ...
10 × 10 = ...

2 Calcule.

15 × 10 = ...
22 × 10 = ...
49 × 10 = ...
80 × 10 = ...
42 × 10 = ...
50 × 10 = ...
13 × 10 = ...
67 × 10 = ...
60 × 10 = ...
85 × 10 = ...

3 Problème

Observe et **calcule** combien pèse le chien de Léa.

Mon chat pèse 3 kg.

Mon chien est 10 fois plus lourd.

.... = ...

Le chien de Léa pèse .... kg.

4 Écris l'heure du matin et celle du soir.

matin
.... h ....

soir
.... h ....

Le coin du chercheur

Entoure les 2 pavages identiques.

Compétence : Multiplier un nombre entier par 10.

Calcul mental : Somme de dizaines entières avec passage de la centaine. L'enseignant écrit : 180 + 40 = ... ; l'élève écrit 220.

Photofiche S44

108 Calculer la moitié d'un nombre

Découvrons ensemble

Léa et Théo veulent se partager équitablement ces 16 balles.

Colorie en jaune les balles de Léa et en vert celles de Théo.

Peuvent-ils se partager équitablement ces 16 balles ? ☐ oui ☐ non

Complète. *Léa et Théo auront chacun ...... balles.*

La moitié de 16 est ....

Peuvent-ils se partager équitablement 15 balles ? ☐ oui ☐ non

Les nombres **pairs** ont une moitié. Ils se terminent par **0**, **2**, **4**, **6**, **8**. Les autres sont des nombres **impairs**.

Entoure en rouge les nombres pairs et en bleu les nombres impairs.

1 ; 2 ; 3 ; 4 ; 5 ; 6 ; 7 ; 8 ; 9 ; 10 ; 11 ; 23 ; 34 ; 50

Je m'entraîne

1 Mélissa et Tom se partagent équitablement 12 billes.

Colorie en jaune les billes de Mélissa et en vert celles de Tom.

Complète.

Chacun aura ...... billes.

La moitié de 12 est ....

Pour trouver les moitiés, il faut connaître les doubles.

5 + 5 = 10
6 + 6 = 12
7 + 7 = 14
8 + 8 = 16
9 + 9 = 18
10 + 10 = 20

2 **Écris** les moitiés des nombres pairs.

Nombres	4	6	8	10	14	16	20
Moitiés	......	......	......	......	......	......	......

3 **Colorie** en bleu les nombres impairs.

| 8 | 9 | 7 | 14 | 32 | 25 |

4 **Problème**

Inès lit un livre de 20 pages.
Elle a lu la moitié du livre.

Combien de pages a-t-elle lues ?

Elle a lu .... pages.

Combien de pages lui reste-t-il à lire ?

Il lui reste .... pages à lire.

Compétences : Connaître les moitiés des nombres d'usage courant. Distinguer les nombres pairs des nombres impairs.

Calcul mental : Trouver le plus grand nombre (nombres de trois chiffres). L'enseignant écrit : 214 ; 423 ; 358 ; l'élève écrit 423.

109 La soustraction posée sans retenue

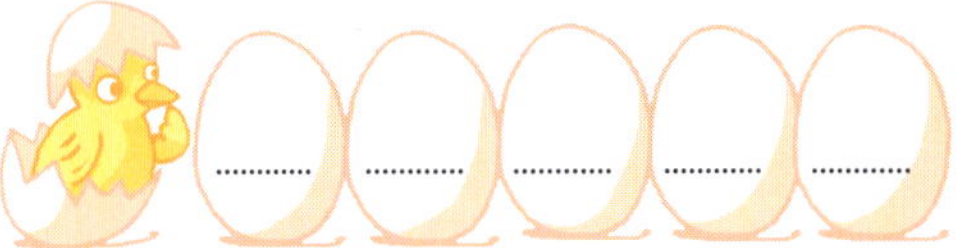

Découvrons ensemble

Théo calcule 58 – 23.

Complète.

> Je soustrais d'abord les unités : 8 – 3.
> Puis je soustrais les dizaines : 5 – 2.

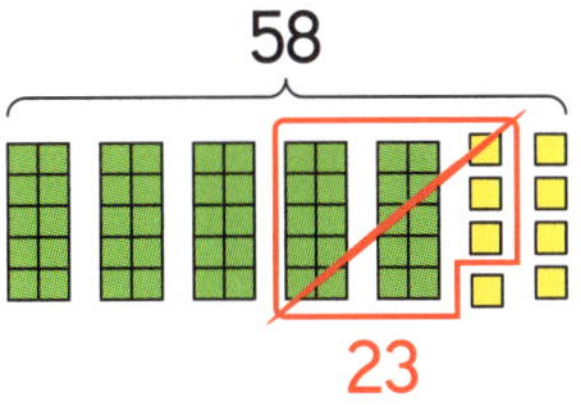

	d	u
	5	8
–	2	3
=	....	....

58 – 23 = ...

> Je vérifie le calcul de Théo en effectuant une addition : je dois retrouver 58.

	....	....
+	2	3
=	....	....

Je m'entraîne

1 **Calcule.** Puis **vérifie** en effectuant une addition.

	5	6
–	1	5
=	....	....

	....	....
+	1	5
=	....	....

	6	3
–	4	3
=	....	....

	....	....
+	4	3
=	....	....

	3	6
–	2	0
=	....	....

	....	....
+	2	0
=	....	....

2 **Pose** et **calcule**. Puis **vérifie** en effectuant une addition.

57 – 36

	......	......
–	......	......
	......	......

	......	......
+	......	......
	......	......

69 – 44

> Dans la soustraction, écris toujours le plus grand nombre en haut.

3 **Problème**

Julia a 36 bonbons.
Elle en donne 25 à ses amis.
Combien de bonbons lui reste-t-il ?

Il lui reste .... bonbons.

Le coin du chercheur

Combien de triangles comptes-tu dans cette figure ?

....

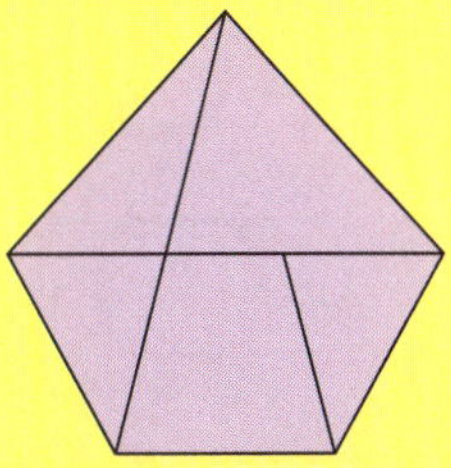

Compétence : Calculer une différence par la soustraction en colonnes.

Calcul mental : Prendre le double du double. L'enseignant dit : « Quel est le double du double de 3 ? » ; l'élève écrit 12.

110 Calcul instrumenté : la calculatrice (1)

Découvrons ensemble

Observe la calculatrice ci-contre.

Colorie :
- en rouge la touche de mise en marche ;
- en jaune les touches des chiffres ;
- en bleu les touches des signes.

Dessine les touches que tu utilises pour afficher le nombre 843.

[....] [....] [....]

Tape sur les touches : [7] [3] [+] [5] [2] [=]

Complète. 73 + 52 = ...

Dessine les touches que tu utilises pour calculer 63 – 28.

[....] [....] [....] [....] [....] [....]

Complète. 63 – 28 = ...

Je m'entraîne

1 **Dessine** les touches que tu utilises pour calculer chaque opération et **complète**.

76 + 59 [....] [....] [....] [....] [....] [....] 76 + 59 = ...

20 × 14 [....] [....] [....] [....] [....] [....] 20 × 14 = ...

2 **Calcule** à l'aide de ta calculatrice.

38 + 61 + 28 = ...

327 – 208 = ...

25 × 5 = ...

3 Pour chaque opération, **dessine** la touche [+], [–] ou [×] qui convient.

534 [....] 169 = 365

45 [....] 18 = 810

4 **Problème**

Sans taper sur les touches [1] et [0], **affiche** [10].

Complète les touches que tu utilises.

[....] [....] [....] [....] [....] [....]

Compétence : Utiliser les fonctions de base de la calculatrice.

Calcul mental : Ajouter un petit nombre à un nombre de 3 chiffres. L'enseignant dit : « 154 + 4 = ... » ; l'élève écrit 158.

111 Calcul instrumenté : la calculatrice (2)

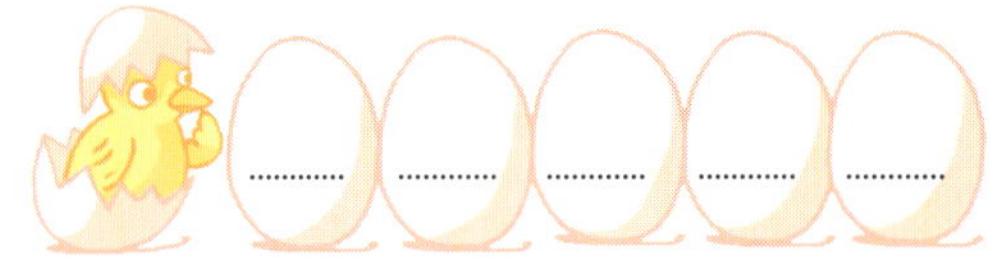

Découvrons ensemble

Observe ces calculs.
Entoure ceux que tu peux effectuer rapidement sans calculatrice. **Effectue**-les.
Utilise ta calculatrice pour effectuer les autres.

30 + 40 = ... 15 × 7 = ... 5 × 2 = ... 238 – 73 = ...

Mélissa achète 3 DVD à 34 € l'un et un livre à 18 €.
Utilise ta calculatrice pour calculer :

– le prix des 3 DVD : .... = ...

– le prix total à payer : .... = ...

Mélissa paie .... €.

Je m'entraîne

1 **Entoure** les calculs que tu peux effectuer rapidement sans calculatrice. **Effectue**-les. **Utilise** ta calculatrice pour effectuer les autres.

173 – 1 = ...	503 – 157 = ...	5 × 4 = ...
343 + 278 = ...	300 + 100 = ...	53 × 6 = ...

2 À l'aide de ta calculatrice, **retrouve** le résultat de chaque opération.

234 + 67 + 135 = ...

468 × 2 = ...

932 436 936 441

982 – 541 = ...

451 + 76 + 125 + 280 = ...

3 **Problème**
Timéo achète la console vidéo et les 2 jeux.
Combien paie-t-il ?

.... = ...

Timéo paie .... €.

Le coin du chercheur

Combien de carrés de chocolat la souris a-t-elle mangés ?

Compétence : Utiliser la calculatrice à bon escient.
Calcul mental : Retrancher des dizaines à un nombre de 2 chiffres (sans franchir la centaine). L'enseignant dit : « 56 – 20 = ... » ; l'élève écrit 36.

112 Les solides

Découvrons ensemble

Observe ces solides. Théo a commencé à les trier en deux familles.

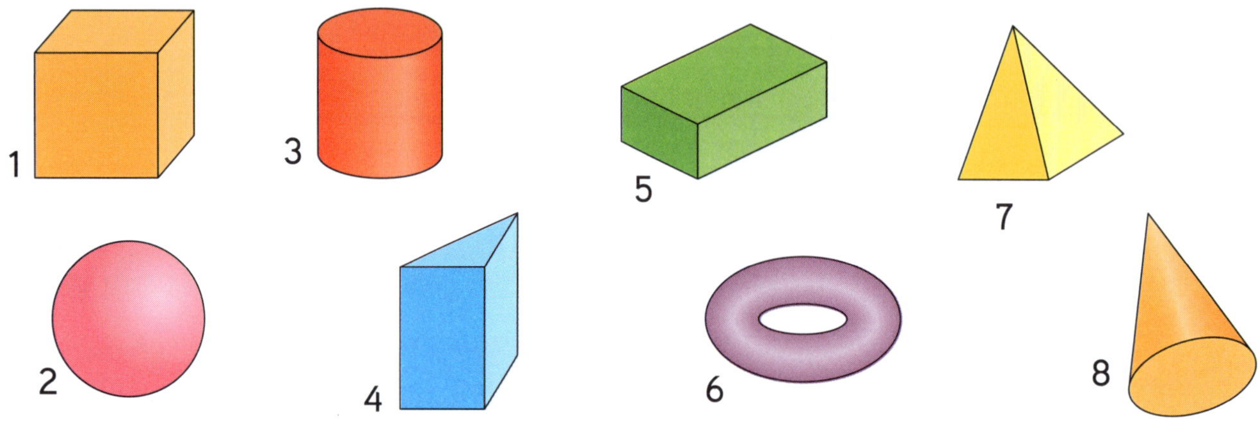

Complète le tableau de Théo.

Famille A	1	4	....	....
Famille B	2	3	....	....

Parmi ces solides, Léa a reconnu une boule, une pyramide, un cylindre et un cône.
Écris leur numéro.

boule → ....   pyramide → ....   cylindre → ....   cône → ....

Je m'entraîne

1 **Barre** l'intrus.

2 Parmi ces solides, **colorie** les polyèdres.

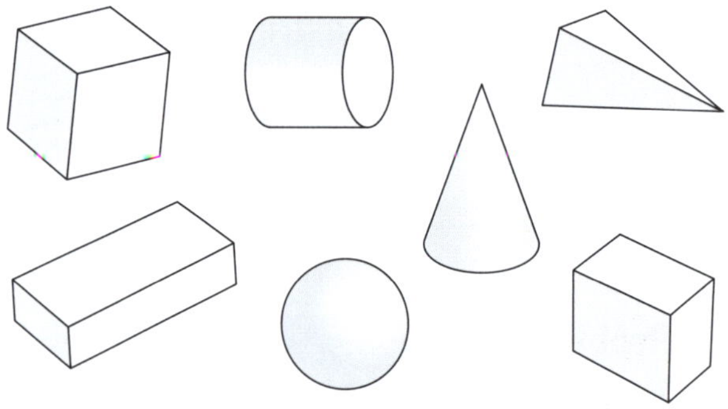

3 **Écris** le nom du solide qui correspond à chaque objet.

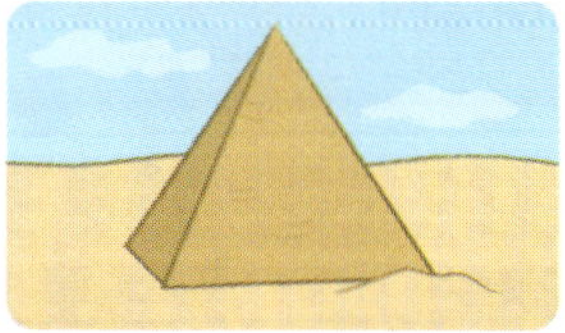

→ ....

→ ....

Compétences : Distinguer polyèdres et autres solides. Nommer quelques solides.
Calcul mental : Retrancher des dizaines à un nombre de 3 chiffres (sans franchir la centaine). L'enseignant écrit 348 – 20 = ... ; l'élève écrit 328.

113 Cubes et pavés droits

Découvrons ensemble

Munis-toi d'un cube et d'un pavé droit, puis **observe**.

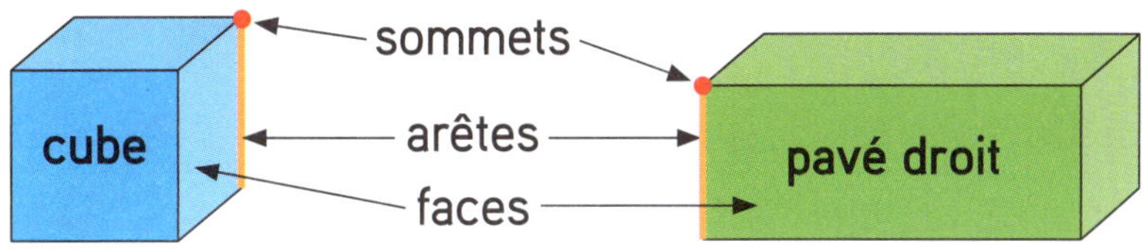

Un cube possède ...... sommets, ... faces, ... arêtes.

Trace le contour de chaque face, puis **découpe** toutes les faces.

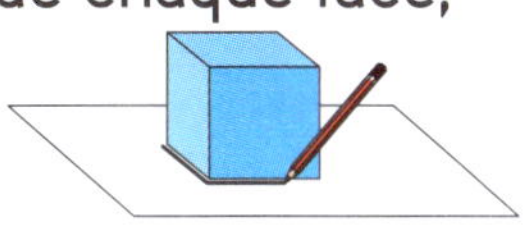

Sont-elles toutes superposables ? ....

Les faces du cube sont :

☐ *des carrés.* ☐ *des rectangles.*

Un pavé droit possède ...... sommets, ... faces, ... arêtes.

Trace le contour de chaque face, puis **découpe** toutes les faces.

Sont-elles toutes superposables ? ....

Les faces du pavé droit sont :

☐ *des carrés.* ☐ *des rectangles.*

Je m'entraîne

J'ai construit un squelette de cube avec des boules de pâte à modeler et des baguettes en bois.

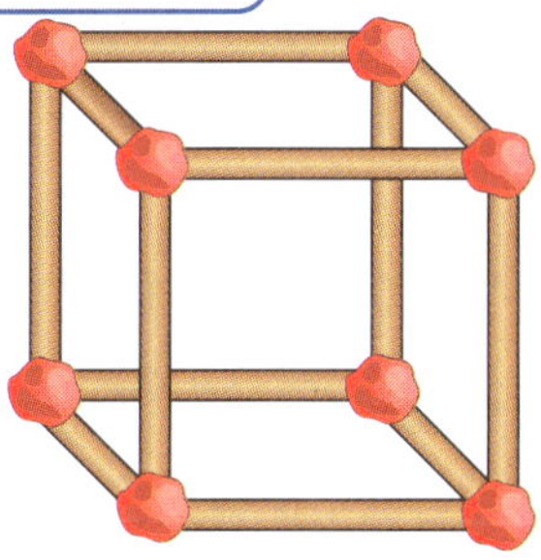

1 Coche.

Chaque boule représente :

☐ *une face.* ☐ *un sommet.*

Chaque baguette représente :

☐ *une arête.* ☐ *un sommet.*

Complète.

Un cube possède ...... sommets et ...... arêtes.

2 Théo et Léa commandent le nombre de carrés nécessaires pour « habiller » ce cube.
Entoure l'enfant qui a raison.

Il me faut 6 carrés.

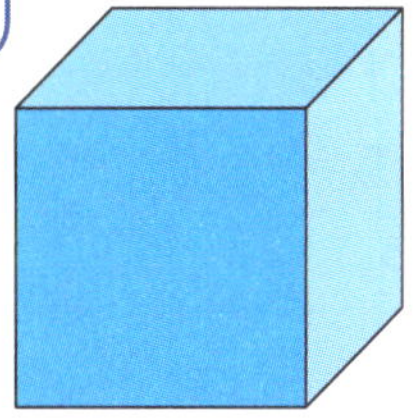

Il me faut 3 carrés.

Le coin du chercheur

Avec ces petits cubes, peut-on former un cube plus grand ?

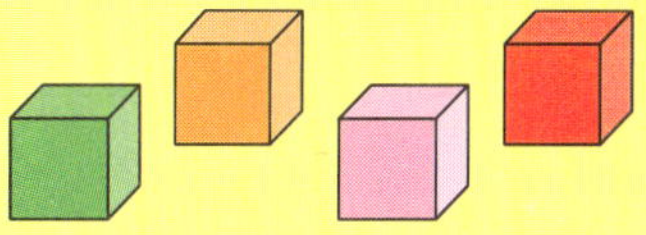

Compétences : Différencier cube et pavé droit. Identifier faces, sommets et arêtes.
Calcul mental : Additionner 100. L'enseignant dit : « 268 + 100 = ... » ; l'élève écrit 368.

Photofiches S48 et A25

114 Le mètre, le décimètre, le centimètre

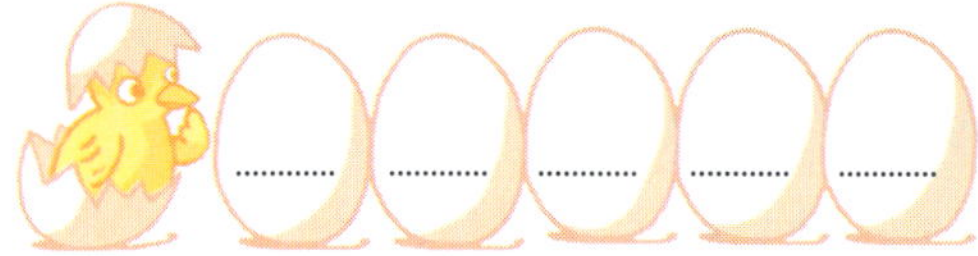

Découvrons ensemble

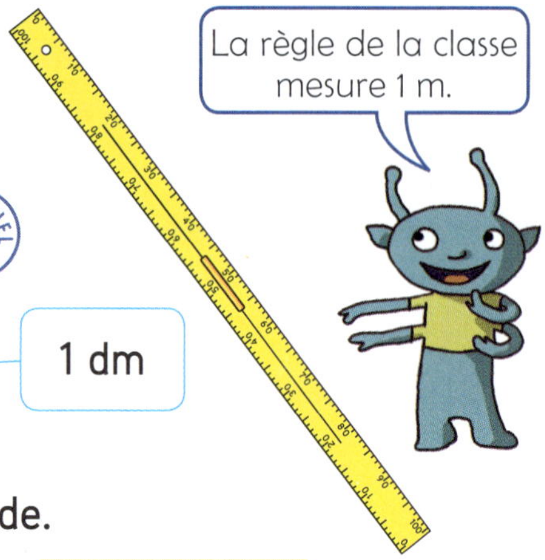

• **Observe** la règle graduée de 1 mètre de la classe.
Quelle est sa longueur en centimètres ?

Complète. 1 m = …… cm

MATÉRIEL G

• **Détache** la bande rouge de la page matériel.
Cette bande a une longueur de 1 décimètre (1 dm).

Mesure la longueur de la règle de la classe avec cette bande.

La règle de la classe mesure ……… dm. **Complète.** 1 m = …… dm

• **Mesure** la longueur de la bande rouge avec ta règle graduée. **Complète.** 1 dm = …… cm

• **Complète** les égalités en utilisant les résultats précédents.

5 m = …… cm

6 dm = …… cm

1 m 43 cm = 100 cm + …… cm = …… cm

165 cm = 100 cm + …… cm = …… m …… cm

Je m'entraîne

1 **Complète** avec *cm*, *dm* ou *m*.

Un livre a une épaisseur de 2 ……… .

Justin fait un saut de 2 ……… .

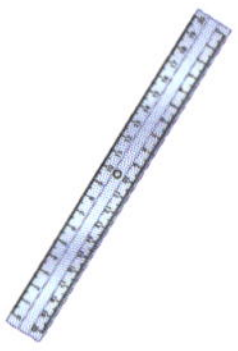

Une règle a une longueur de 2 ……… .

2 **Complète.**

4 dm = …… cm

3 m = …… cm

150 cm = …… m …… cm

3 **Utilise** la bande rouge pour mesurer, en décimètres, la longueur de la bande orange de la page matériel.

MATÉRIEL G

La bande orange mesure ……… dm.

Écris cette longueur en centimètres.

La bande orange mesure ……… cm.

4 Nina mesure 1 m 37 cm. **Écris** sa taille en centimètres.

Nina mesure ……… cm.

Compétences : Connaître le centimètre, le décimètre, le mètre et leurs relations. Choisir l'unité qui convient.
Calcul mental : Additionner 200. L'enseignant dit : « 154 + 200 = … » ; l'élève écrit 354.

Photofiche A26

115 Le mètre, le kilomètre

Découvrons ensemble

mètre → m
kilomètre → km

Complète avec *m* ou *km*.

La longueur d'un terrain de football est de 100 ....

La distance Paris-Marseille est de 800 ....

1 km, c'est environ 3 tours de stade.

1 m, c'est un grand pas.

Théo fait une randonnée jusqu'au lac en passant par le refuge.
Quelle distance parcourt-il ?

On additionne km et m séparément.

Complète.

...... km .... m + ... km .... m = ... km .... m

Théo doit parcourir .... km .... m. *Il parcourt entre ...... km et ...... km.*

Je m'entraîne

1 Complète avec *m* ou *km*.

Hauteur de la tour Eiffel

320 ....

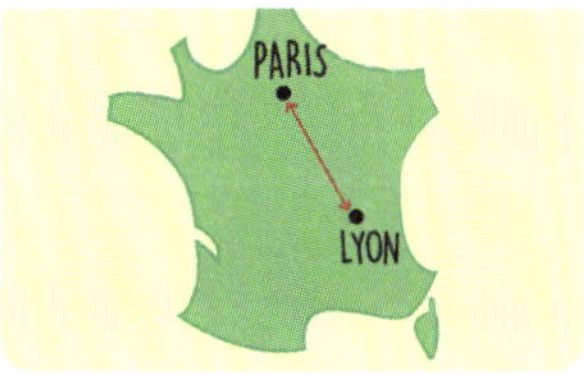

Distance de Paris à Lyon

460 ....

Hauteur du mont Saint-Rigaud

901 ....

2 Quelle est la longueur totale du parcours de santé ?

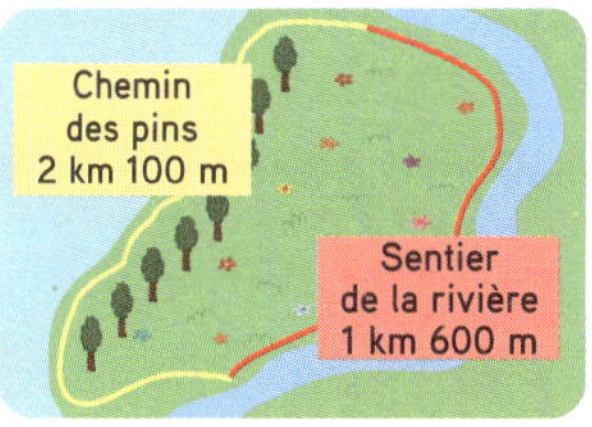

.... = ...

La longueur totale du parcours est ...... km .... m.

3 Complète.

5 × 10 = ...	8 × 10 = ...	6 × 10 = ...
5 × 5 = ...	8 × 5 = ...	6 × 5 = ...

Le coin du chercheur

Combien de cubes composent cet assemblage ?

....

Compétences : Connaître les unités mètre et kilomètre comme unités indépendantes. Choisir l'unité qui convient.
Calcul mental : Multiplier par 10. L'enseignant dit : « 15 × 10 » ; l'élève écrit 150.

Photofiche P11

116 Problèmes : Situations multiplicatives

1 1 salade coûte 2 €.
Ninon achète 3 salades.
Combien dépense-t-elle ?

.... = ...

Ninon dépense .... €.

2 Samir achète 4 boîtes de 6 œufs.
Combien d'œufs achète-t-il ?

.... = ...

Samir achète .... œufs.

3 Noémie ouvre cette boîte de chocolats.
Combien de chocolats la boîte contient-elle ?

.... = ...

Cette boîte contient .... chocolats.

4 Adrien achète 2 lots de 12 compotes.
Combien de compotes achète-t-il ?

.... = ...

Adrien achète .... compotes.

Compétences : Identifier et résoudre des situations multiplicatives.
Calcul mental : Dictée de nombres. L'enseignant dit : « 804 » ; l'élève écrit 804.

117 Maths Aventures [4]

Plongée en mer

Quand ta réponse est correcte, colorie le coquillage.

1 Le plongeur est sous l'eau depuis 1 h 30 min.
Écris cette durée en minutes.

1 h 30 min = ... min

2 **Calcule** le nombre de poissons clowns.

...... × ...... = ...

Il y a .... poissons clowns.

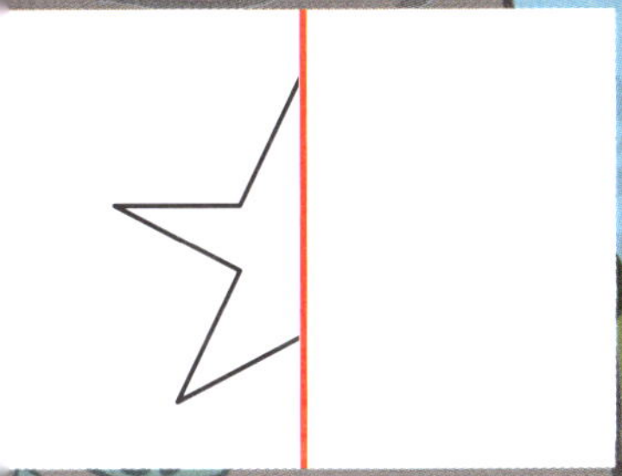

3 **Complète** l'étoile de mer par symétrie. **Utilise** un calque.

4 **Colorie** le cube en vert et le pavé droit en jaune.

5 La rame de la barque mesure 2 m 50 cm.

2 m 50 cm = ... cm

6 Les coffres contiennent en tout 800 pièces d'or. Combien de pièces d'or le coffre jaune contient-il ?

.... = ...

Le coffre jaune contient .... pièces d'or.

Si tu as colorié 5 ou 6 coquillages, colorie la médaille d'or ; 3 ou 4 coquillages, colorie la médaille d'argent ; sinon, colorie la médaille de bronze.

118 J'ai compris et je retiens (8)

Cette page t'aide à retenir ce qui est essentiel.

Je multiplie un nombre par 10.

Pour multiplier un nombre par 10, j'écris un **0** à droite de ce nombre.

3 × 10, c'est 3 dizaines
3 × 10 = 30

12 × 10, c'est 12 dizaines
12 × 10 = 120

Je connais les unités de mesure de longueur.

1 m = 100 cm

1 m = 10 dm

1 dm = 10 cm

143 cm = 1 m 43 cm

Je connais la table de multiplication de 5.

1 × 5 = 5
2 × 5 = 10
3 × 5 = 15
4 × 5 = 20
5 × 5 = 25
6 × 5 = 30
7 × 5 = 35
8 × 5 = 40
9 × 5 = 45
10 × 5 = 50

Je connais les moitiés des nombres pairs.

3 est la moitié de 6, car 6 = 3 + 3.

Nombres	2	4	6	8	10	14	20
Moitiés	1	2	3	4	5	7	10

Je nomme les solides.

Polyèdres

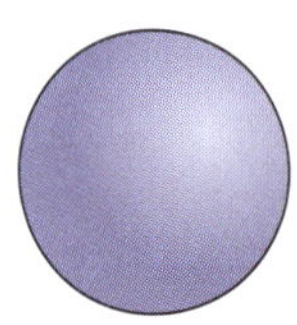

→ boule

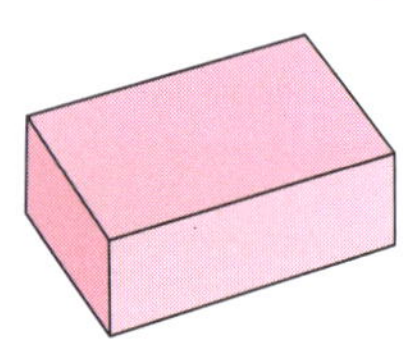

→ pavé droit

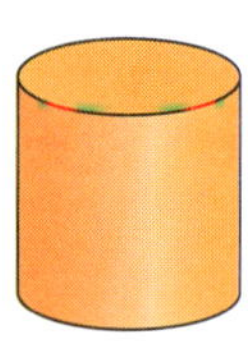

→ cylindre

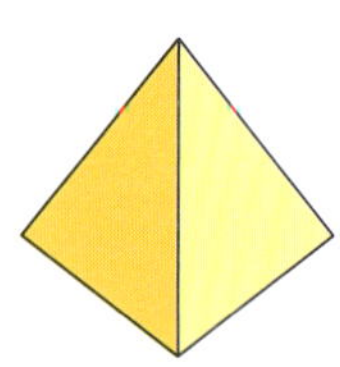

→ pyramide

Je reconnais un cube et un pavé droit.

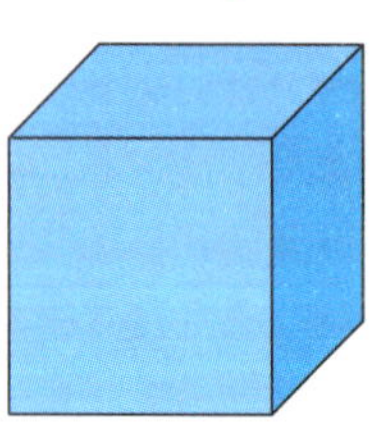

Cube :
- 8 sommets ;
- 6 faces carrées ;
- 12 arêtes de même longueur.

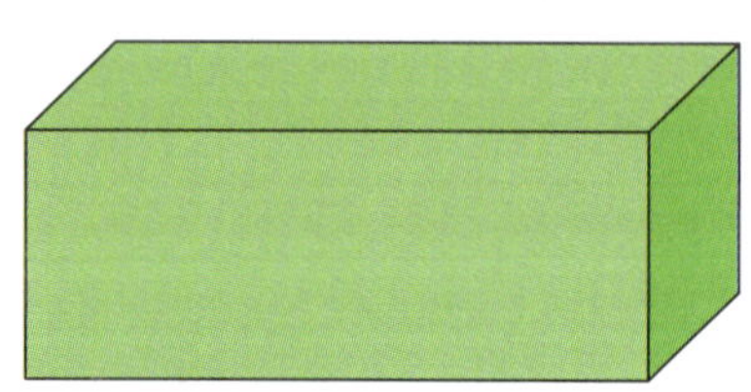

Pavé droit :
- 8 sommets ;
- 6 faces carrées ou rectangulaires ;
- 12 arêtes qui n'ont pas toutes la même longueur.

119 Je fais le point (8)

SOCLE COMMUN

1 **Calcule.**

5 × 10 = ... | 9 × 10 = ...

10 × 10 = ... | 16 × 10 = ...

Multiplier un nombre par 10.

2 **Calcule.**

2 × 5 = ... | 4 × 5 = ...

7 × 5 = ... | 6 × 5 = ...

Connaître la table de multiplication de 5.

3 **Écris** le nom du solide correspondant.

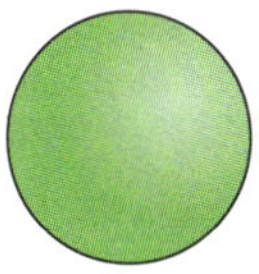 ....

 ....

 ....

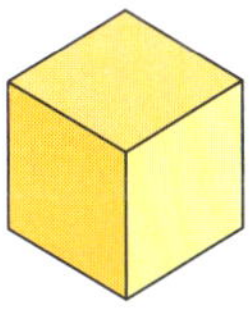 ....

Nommer quelques solides.

4 **Utilise** ta calculatrice pour calculer.

315 + 28 + 298 = ...

436 – 238 = ...

67 × 12 = ...

Utiliser une calculatrice.

5 **Écris** les moitiés des nombres.

Nombres	4	6	10	12
Moitiés	2	......	......	......

Connaître la moitié d'un nombre.

6 **Complète** avec m, cm ou km.

Un crayon mesure 15 ....

La salle de classe mesure 7 ....

La distance entre Paris et Orléans est de 128 ....

Un tour de cour mesure 160 ....

Utiliser les unités de longueur : m, cm, km.

7 **Complète.**

1 m = ... cm

2 m 50 cm = ... cm

3 dm = ... cm

2 m = ... dm

Connaître les relations entre m, cm, dm.

8 **Observe** ce pavé droit et **complète.**

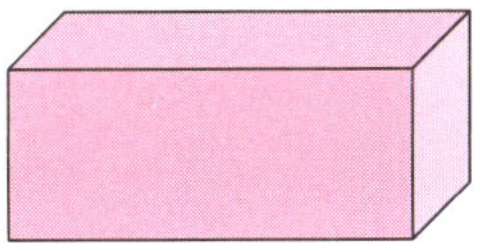

On voit ...... faces,

donc ...... faces sont cachées.

On voit ...... sommets,

donc ...... sommet est caché.

Décrire un pavé droit.

9 Sarah achète 3 packs de 6 yaourts.

Combien de yaourts achète-t-elle ?

.... = ...

Sarah achète ...... yaourts.

Résoudre une situation multiplicative.

120 Multiplication : les tables de 3 et de 4

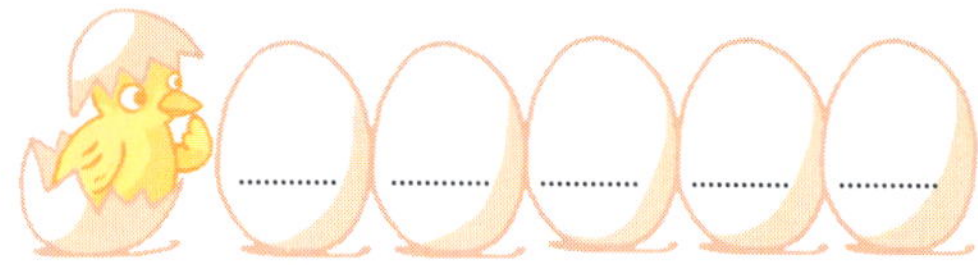

Découvrons ensemble

Aide Théo à compléter la table de 3.

1 × 3   2 × 3   3 × 3   4 × 3

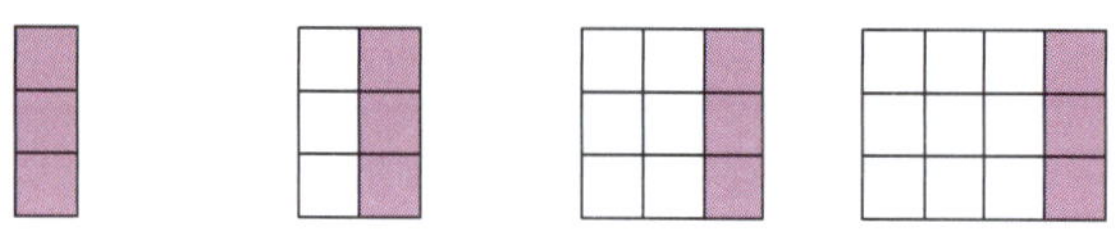

1 × 3 = 3

2 × 3 = 3 + 3 = 6

3 × 3 = 6 + 3 = 9

4 × 3 = 9 + 3 = 12

5 × 3 = 12 + ... = ...

6 × 3 = ... + ... = ...

7 × 3 = ...

8 × 3 = ...

9 × 3 = ...

10 × 3 = ...

Aide Léa à compléter la table de 4.

1 × 4   2 × 4   3 × 4   4 × 4

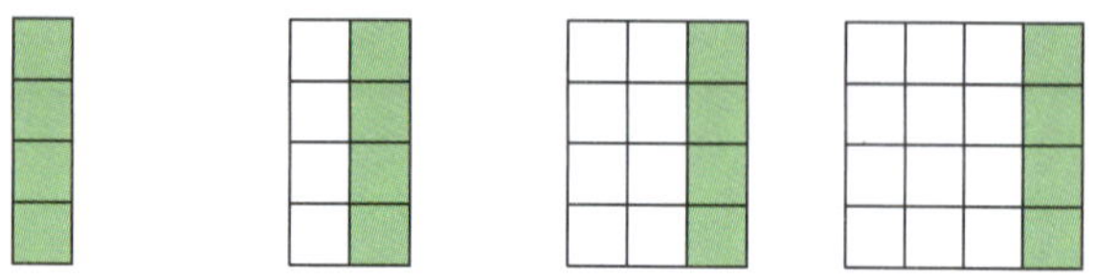

1 × 4 = 4

2 × 4 = 4 + 4 = 8

3 × 4 = 8 + 4 = 12

4 × 4 = 12 + 4 = 16

5 × 4 = 16 + ... = ...

6 × 4 = ... + ... = ...

7 × 4 = ...

8 × 4 = ...

9 × 4 = ...

10 × 4 = ...

Je m'entraîne

1 **Barre** les nombres qui ne sont pas dans la table de 3.

9   1   18   21   6

13   15   12   10

2 **Barre** les nombres qui ne sont pas dans la table de 4.

8   14   16   18   28

12   15   20   40

3 **Calcule** en utilisant les tables de 3 ou de 4.

6 × 3 = ...	8 × 3 = ...	6 × 4 = ...	9 × 4 = ...
9 × 3 = ...	5 × 3 = ...	8 × 4 = ...	7 × 4 = ...

Compétences : Construire et apprendre les tables de 3 et de 4 de la multiplication.

Calcul mental : Table de multiplication de 2. L'enseignant dit : « 3 × 2 » ; l'élève écrit 6.

121 Apprentissage des tables de multiplication

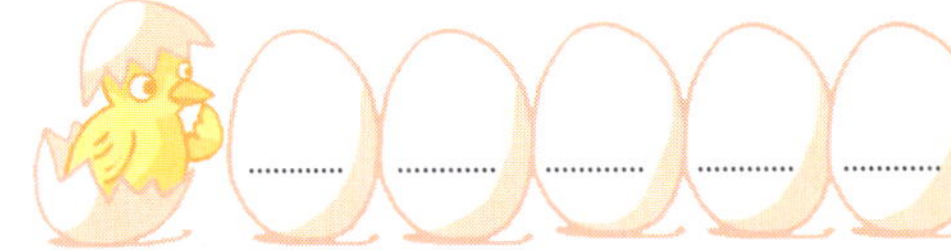

Découvrons ensemble

Les enfants calculent 7 × 5. **Observe** et **complète**.

Je connais **4 × 5 = 20**.
Je peux donc calculer rapidement 5 × **5**, 6 × **5**... sans réciter la table depuis le début.

Je connais **10 × 5 = 50**.
Je peux donc calculer 9 × **5**, 8 × **5**... en remontant dans la table.

4 × 5 = 20
5 × 5 = 25 (+ 5)
6 × 5 = ... (+ 5)
7 × 5 = ... (+ 5)

Si tu connais un résultat, tu peux retrouver les autres en descendant et en remontant dans la table.

7 × 5 = ...
8 × 5 = ... (– 5)
9 × 5 = 45 (– 5)
10 × 5 = 50 (– 5)

Pour trouver le résultat de **5** × 7, il faut connaître la table de 7 ou celle de **5**, car : **5** × 7 = 7 × **5**.

7 × 5 = ...   5 × 7 = ...

Je m'entraîne

1 Complète.

5 × 2 = ...
6 × 2 = ...
7 × 2 = ...

5 × 3 = ...
6 × 3 = ...
7 × 3 = ...

2 Complète.

10 × 4 = ...
9 × 4 = ...
8 × 4 = ...

10 × 3 = ...
9 × 3 = ...
8 × 3 = ...

3 Complète en utilisant les tables que tu connais.

Si tu connais 6 × 4, tu connais 4 × 6 car 6 × 4 = 4 × 6

4 × 6 = ...
2 × 7 = ...

3 × 7 = ...
2 × 6 = ...

2 × 8 = ...
4 × 7 = ...

4 × 8 = ...
5 × 6 = ...

4 Trace un carré et un rectangle.

Le coin du chercheur

De 55 à 65, combien de nombres s'écrivent avec le chiffre des unités plus petit que le chiffre des dizaines ? ....

Compétences : Apprendre les tables. Utiliser la commutativité de la multiplication.
Calcul mental : Double d'un nombre inférieur à 20. L'enseignant dit : « Double de 13 » ; l'élève écrit 26.

Mesurer des masses

Découvrons ensemble

Observe ces différentes balances.

La masse de cette punaise est 1 gramme (g).

La masse de cette bouteille est 1 kilogramme (kg).

Écris la masse de chaque livre.

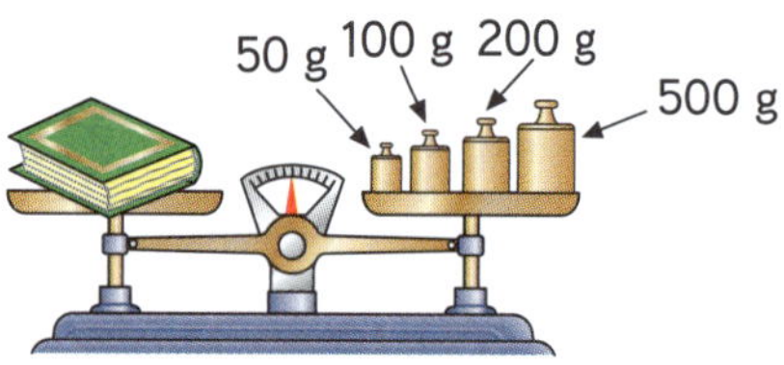

.... g

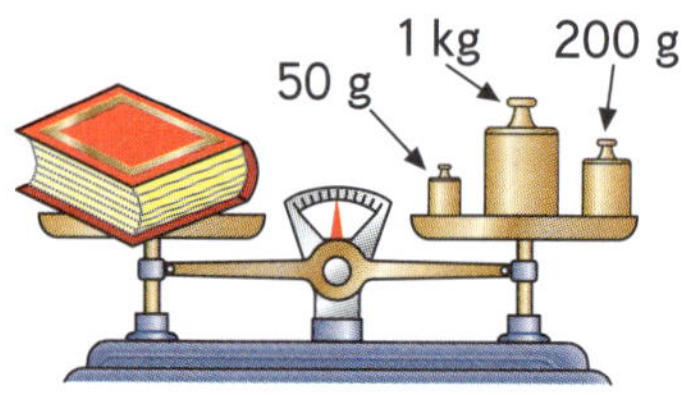

...... kg .... g

Je m'entraîne

1 Complète avec *g* ou *kg*.

4 ....

300 ....

25 ....

30 ....

2 Écris la masse des fruits pesés.

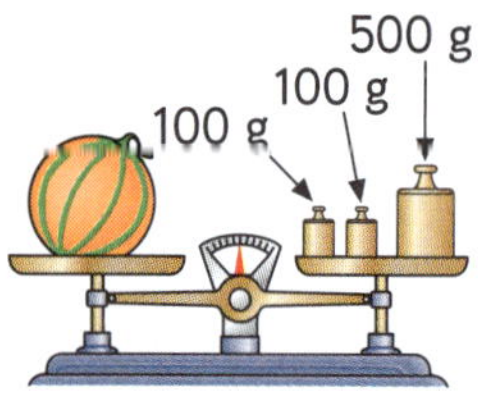

.... g

.... g

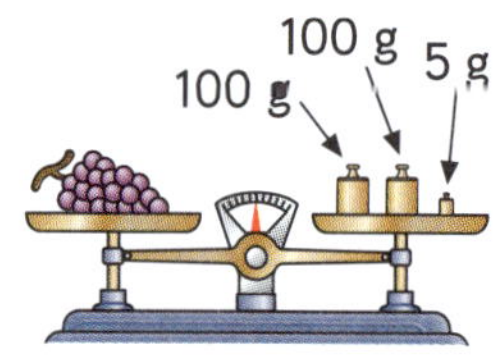

.... g

3 Écris la masse des fruits pesés.

...... kg .... g

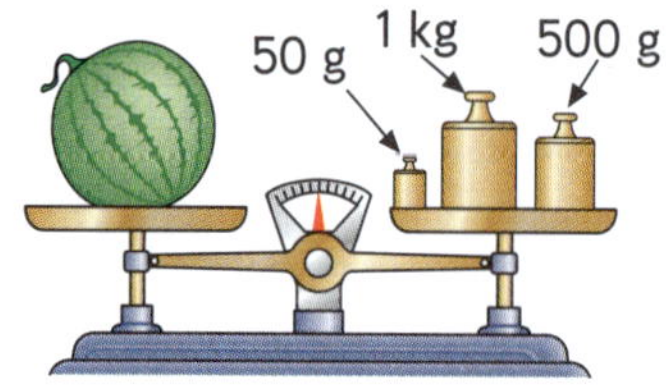

...... kg .... g

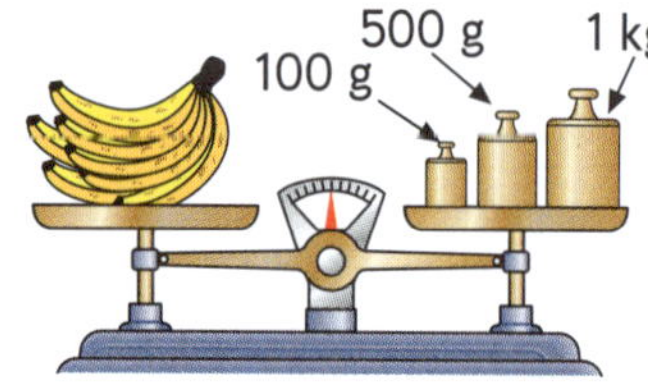

...... kg .... g

Compétences : Mesurer des masses en kg et g, comme unités indépendantes.

Calcul mental : Table de multiplication de 5. L'enseignant dit : « 4 × 5 » ; l'élève écrit 20.

Photofiches P12

123

Problèmes : Pour apprendre à chercher

23/05

Observe et **complète**.

1 Devant quelle graduation se trouve la fin de la bande orange de Théo ?

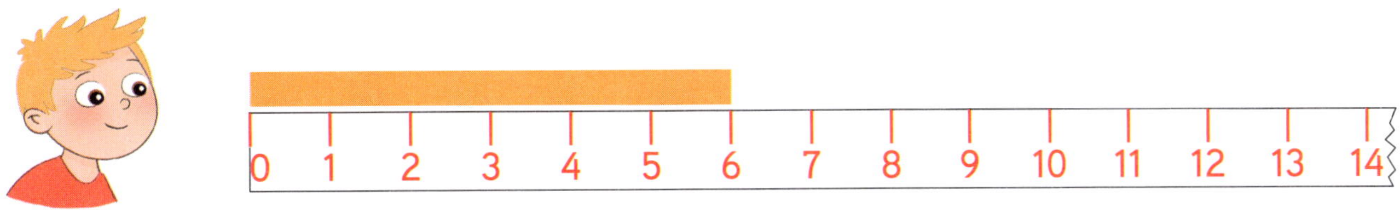

La fin de la bande orange se trouve devant la graduation ....

2 Léa déplace la bande orange de Théo.

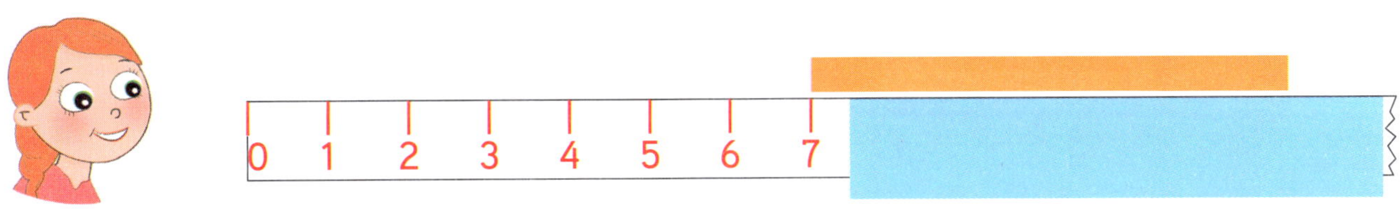

La fin de la bande orange se trouve devant la graduation ....

3 Mélissa déplace la bande orange de Théo.

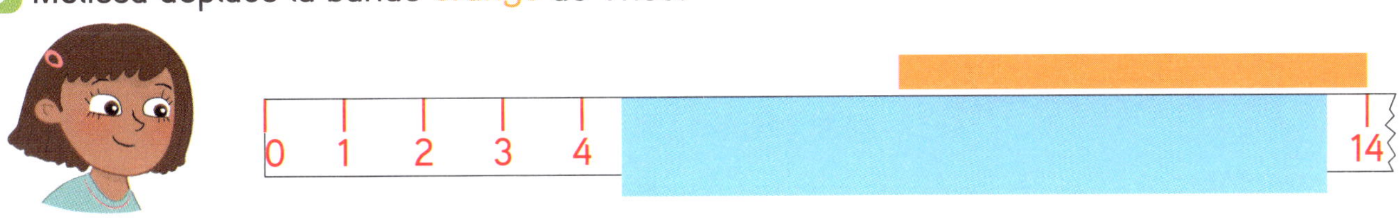

Le début de la bande orange se trouve devant la graduation ....

4 Lucas a plié en deux la bande orange de Théo. Le pli est devant la graduation 10.

La fin de la bande orange se trouve devant la graduation ....

Le début de la bande orange se trouve devant la graduation ....

Compétence : Prévoir des résultats d'actions sur des quantités, des déplacements sur une graduation, conduisant à des additions, soustractions.

Calcul mental : Complément à la dizaine supérieure. L'enseignant dit : « De 127 pour aller à 130 » ; l'élève écrit 3.

Photofiches S50 et A28

124 La multiplication : distributivité (1)

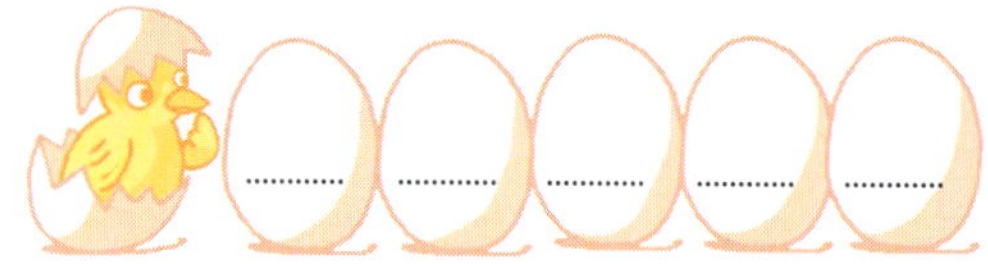

Découvrons ensemble

Léa et Théo ne connaissent ni la table de 9, ni la table de 7.
Pourtant, ils savent calculer 7 × 9. **Observe** et **complète** leurs calculs.

Pour calculer 7 × 9, je découpe le rectangle en deux et j'utilise les tables de **5** et de **4**.

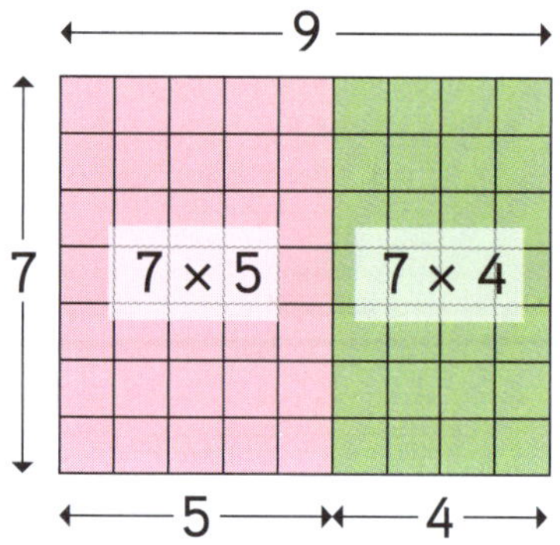

7 × 9 = 7 × 5 + 7 × 4

7 × 9 = ... + ...

7 × 9 = ...

7 × 9 = 9 × 7
Pour calculer 9 × 7, je découpe le rectangle en deux dans l'autre sens et j'utilise les tables de **4** et de **3**.

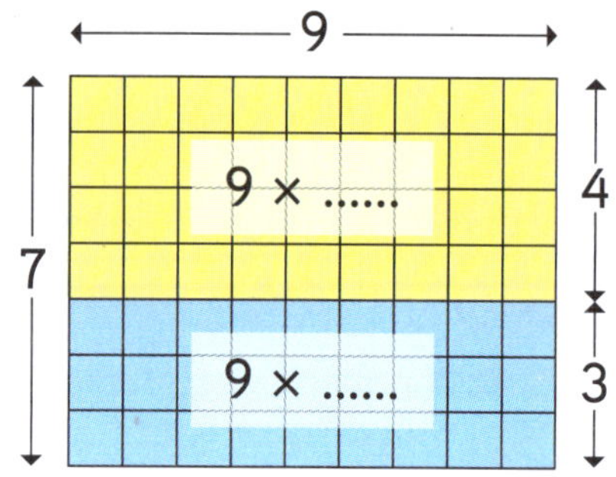

9 × 7 = 9 × 4 + 9 × ......

9 × 7 = ... + ...

9 × 7 = ...

Je m'entraîne

1 Complète.

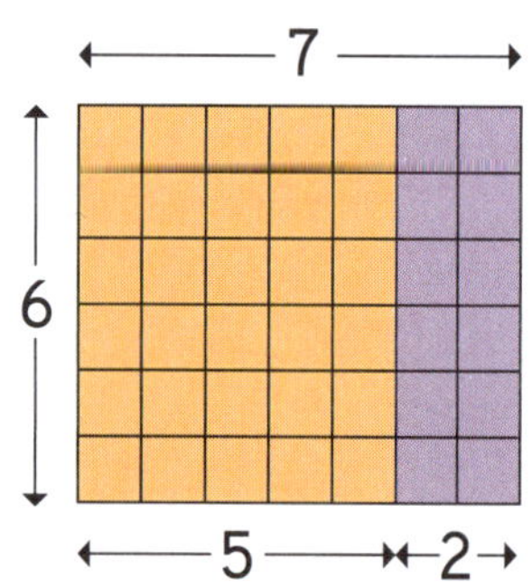

6 × 7 = 6 × ...... + 6 × ......

6 × 7 = ... + ...

6 × 7 = ...

2 Complète.

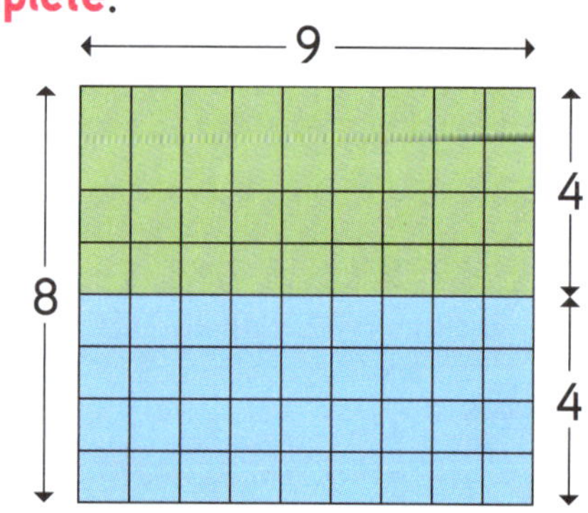

9 × 8 = 9 × ...... + 9 × ......

9 × 8 = ... + ...

9 × 8 = ...

Compétence : Utiliser la distributivité pour calculer un produit.
Calcul mental : Ajouter un nombre de dizaines. L'enseignant dit : « 210 + 20 » ; l'élève écrit 230.

Photofiches S51 et A29

125 La multiplication : distributivité (2)

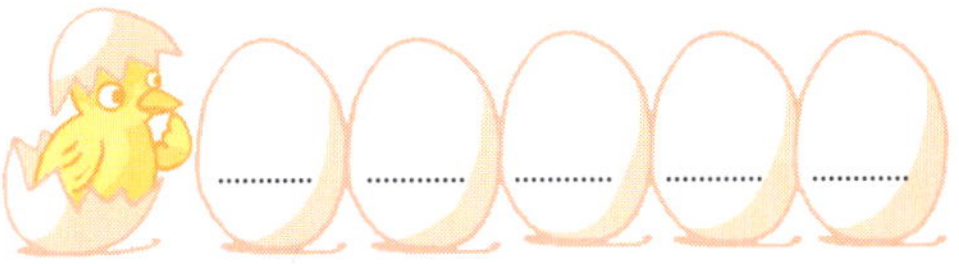

Découvrons ensemble

Il faut découper l'immeuble en deux en s'aidant du nombre 10.

Mélissa calcule le nombre de fenêtres de cet immeuble.

Observe et **complète** ses calculs.

Je dois calculer 14 × 6.

14 × 6 = 10 × 6 + ... × 6

14 × 6 = ... + ...

14 × 6 = ...

Cet immeuble comporte .... fenêtres.

Je m'entraîne

1 **Calcule** le nombre de fenêtres de cet immeuble.

13 × 5 = 10 × 5 + ... × 5

13 × 5 = ... + ...

13 × 5 = ...

Cet immeuble comporte .... fenêtres.

Découpe l'immeuble en deux en t'aidant du nombre 10.

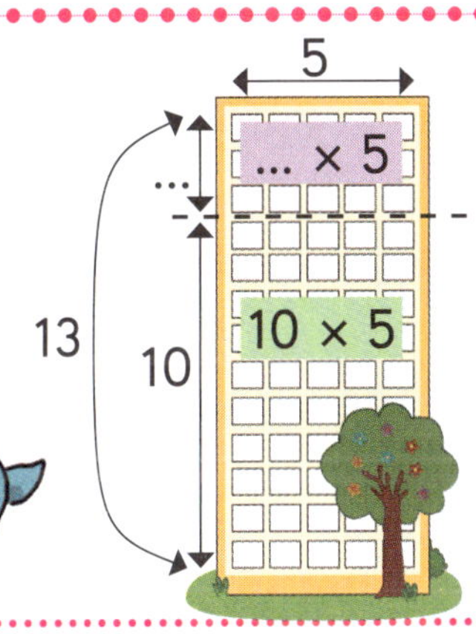

2 **Calcule**.

15 × 3 = 10 × 3 + ... × ......

15 × 3 = ... + ...

15 × 3 = ...

3 **Calcule**.

16 × 5 = 10 × 5 + ... × ......

16 × 5 = ... + ...

16 × 5 = ...

4 **Trace** 2 angles droits. Leur sommet et un de leurs côtés sont déjà tracés.

Le coin du chercheur

Combien de cercles se cachent dans cette figure ?

....

Compétence : Calculer un produit en utilisant la multiplication par 10 et la distributivité.

Calcul mental : Table de multiplication de 2. L'enseignant dit : « 7 × 2 » ; l'élève écrit 14.

126 Calcul réfléchi : Calculer la moitié d'un nombre de dizaines

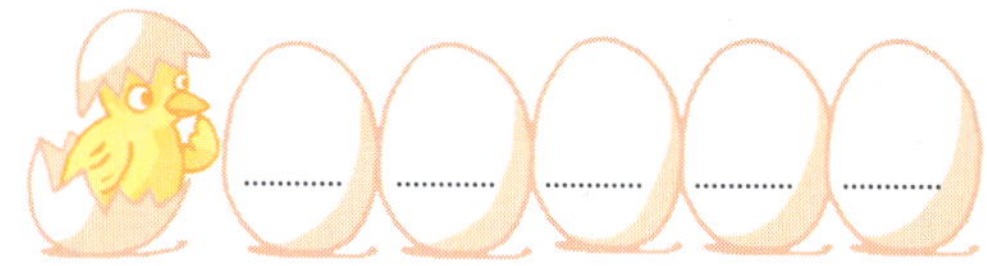

Découvrons ensemble

Théo calcule la moitié de 60. **Complète.**

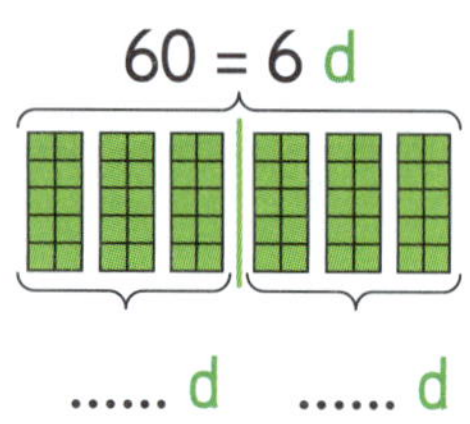

La moitié de 6 d, c'est ...... d.

La moitié de 60, c'est ....

Vérifie. 60 = ... + ...

Léa calcule la moitié de 70. **Complète.**

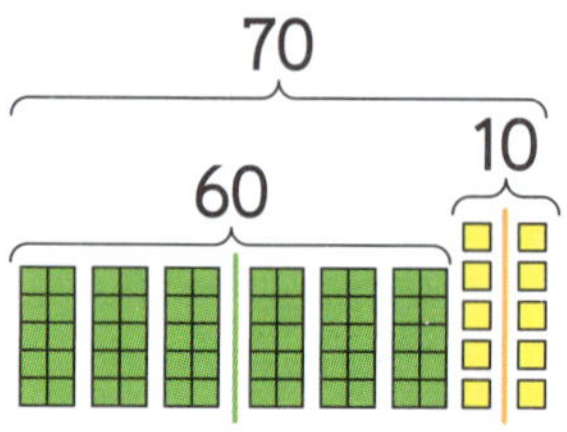

La moitié de 60, c'est ....

La moitié de 10, c'est ....

La moitié de 70, c'est ....

Vérifie. 70 = ... + ...

Je m'entraîne

1 **Calcule** la moitié de 40.

40, c'est ...... d.

Moitié de 4 d = ... d

Moitié de 40 = ...

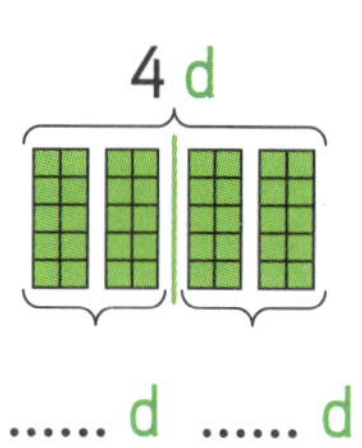

Vérifie. 40 = ... + ...

2 **Calcule** la moitié de 80.

80, c'est ...... d.

Moitié de 8 d = ... d

Moitié de 80 = ...

Vérifie. 80 = ... + ...

3 **Calcule** la moitié de 50.

50 = 40 + 10

Moitié de 40 = ...

Moitié de 10 = ...

Moitié de 50 = ...

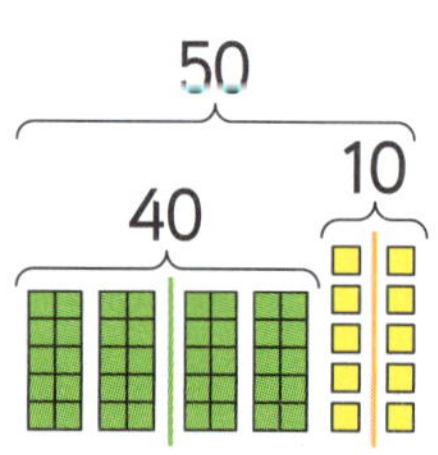

Vérifie. 50 = ... + ...

4 **Calcule** la moitié de 90.

90 = 80 + ...

Moitié de 80 = ...

Moitié de .... = ...

Moitié de 90 = ...

Vérifie. 90 = ... + ...

5 **Problème :** Lucas a un livre de 110 pages. Il en a lu la moitié.

Combien de pages a-t-il lues ? *Il a lu .... pages.*

Compétence : Calculer la moitié d'un nombre entier de dizaines.

Calcul mental : Table de multiplication de 5. L'enseignant dit : « 6 × 5 » ; l'élève écrit 30.

Photofiche S53

127 Multiplier par un nombre entier de dizaines, de centaines

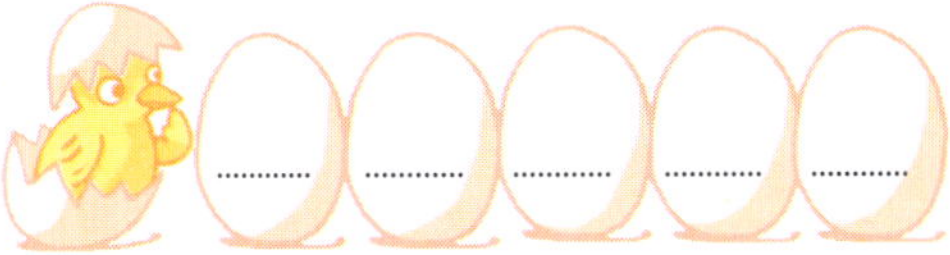

Découvrons ensemble

Léa calcule le nombre de règles.

Pour calculer 7 × 30, on peut calculer 7 × 3 = 21, puis écrire **un zéro** à droite de 21.

Théo calcule le nombre de crayons.

Pour calculer 2 × 300, on peut calculer 2 × 3 = 6, puis écrire **deux zéros** à droite de 6.

Articles	Quantité par paquet	Nombre de paquets	Total
	30	7	210
	300	2	600
	50	6	....
	200	4	....

Calcule le nombre de stylos, puis le nombre de feuilles, et **complète** le tableau.

Je m'entraîne

1 Calcule.

4 × 2 = ...
4 × 20 = ...
6 × 3 = ...
6 × 30 = ...

2 Calcule.

2 × 2 = ...
2 × 200 = ...
3 × 3 = ...
3 × 300 = ...

3 Calcule.

3 × 20 = ...
5 × 30 = ...
4 × 40 = ...
4 × 50 = ...
2 × 400 = ...
300 × 3 = ...
3 × 200 = ...
200 × 4 = ...

4 Colorie les polyèdres.

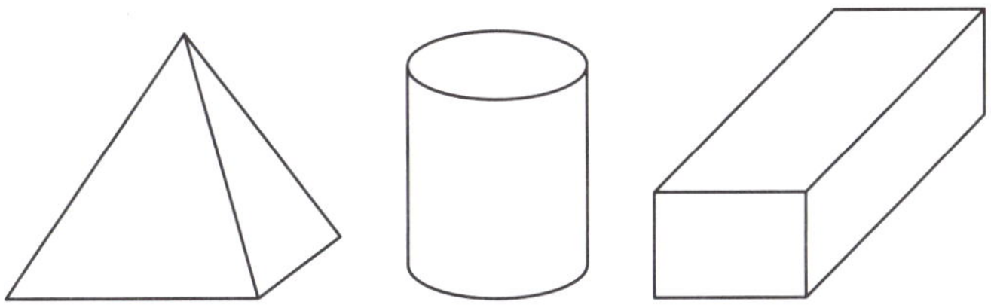

Le coin du chercheur

Relie chaque poids à un des deux plateaux pour que la balance soit en équilibre.

Compétence : Multiplier par un nombre entier de dizaines ou de centaines.
Calcul mental : Dictée de nombres. L'enseignant dit : « 704 » ; l'élève écrit 704.

Photofiche S54

128 Décoder et coder un déplacement (1)

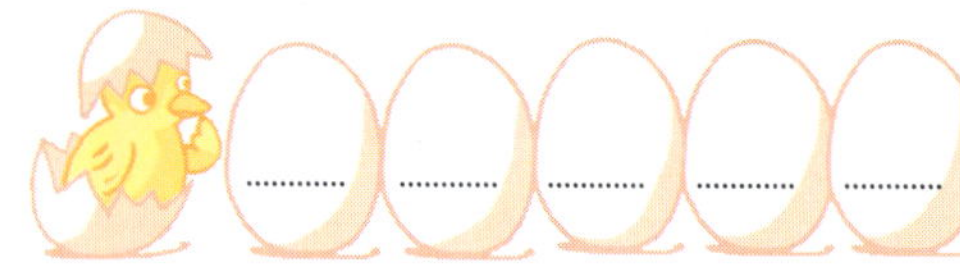

Découvrons ensemble

Le papillon butine des fleurs avant de se poser sur la fleur rose.

Utilise le codage pour colorier les fleurs que le papillon butine.

1	3	2	3	2	1

(2) signifie un déplacement de 2 cases vers le bord **bleu**.

Je m'entraîne

1 **Complète** le codage du déplacement du papillon jusqu'à la fleur rose.

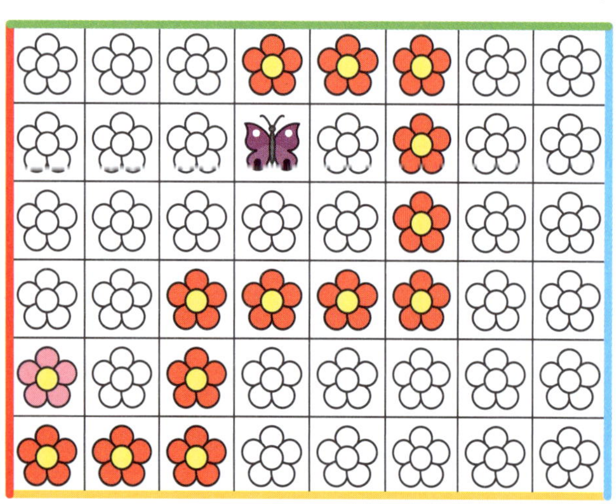

1	2	......	......	......	......	......

Colorie chaque rond, de la bonne couleur, puis écris le nombre de cases correspondant au déplacement.

Compétences : Coder et décoder pour représenter et réaliser des déplacements sur les cases d'un quadrillage.

Calcul mental : Retrancher deux nombres proches. L'enseignant écrit 72 – 68 = ... ; l'élève écrit 4.

129 Problèmes : Utiliser la décomposition des nombres (1)

1 Emmanuel range 40 petites voitures dans des boîtes.
Chaque boîte peut contenir 10 voitures.
Combien de boîtes seront complètes ?

Pour savoir combien de boîtes seront complètes, décompose 40 en paquets de 10.

40 = 10 + 10 + ... boîtes seront complètes.

2 Kate range les 500 timbres de sa collection dans des pochettes.
Chaque pochette peut contenir 100 timbres.
Combien de pochettes seront complètes ?

Pour savoir combien de pochettes seront complètes, décompose 500 en paquets de 100.

500 = 100 + 100 + ...

.... pochettes seront complètes.

3 Marion range 68 crayons dans des pochettes.
Chaque pochette peut contenir 10 crayons.
Combien de pochettes seront complètes ?

68 = 10 + 10 + ...

.... pochettes seront complètes.

Combien de crayons contiendra la pochette incomplète ?

La pochette incomplète contiendra .... crayons.

4 Antonio range 570 cartes dans des boîtes.
Chaque boîte peut contenir 100 cartes.
Combien de boîtes seront complètes ?

570 = 100 + 100 + ...

.... boîtes seront complètes.

Combien de cartes contiendra la boîte incomplète ?

La boîte incomplète contiendra .... cartes.

Compétence : Résoudre un problème en s'appuyant sur la connaissance de la décomposition des nombres.
Calcul mental : Différence de dizaines. L'enseignant écrit 80 – 30 = ... ; l'élève écrit 50.

130 J'ai compris et je retiens (9)

Cette page t'aide à retenir ce qui est essentiel.

Je calcule 7 × 9.

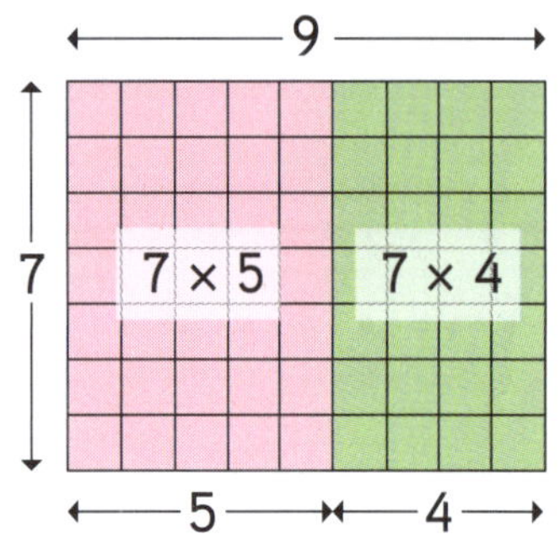

7 × 9 = 7 × 5 + 7 × 4
7 × 9 = 35 + 28 = 63

Je calcule 16 × 4.

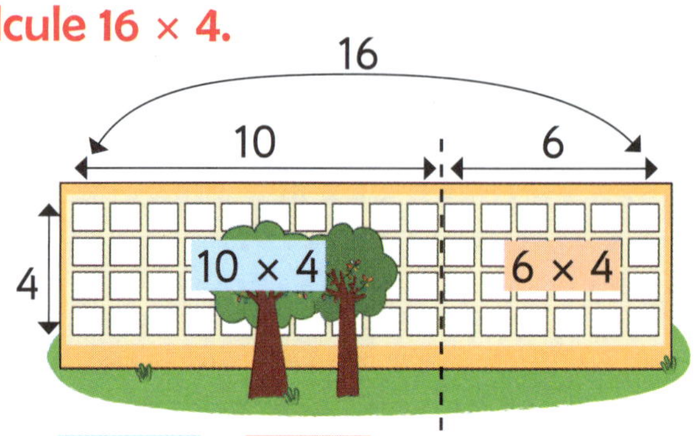

16 × 4 = 10 × 4 + 6 × 4
16 × 4 = 40 + 24 = 64

Je mesure une masse en grammes.

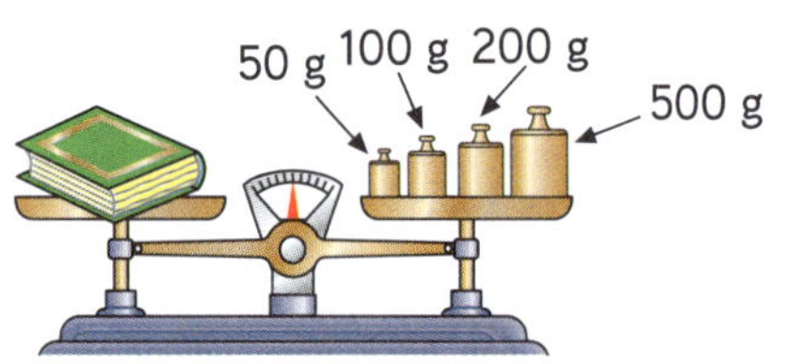

500 g + 200 g + 100 g + 50 g = 850 g
Le livre pèse 850 g.

Je mesure une masse en kilogrammes.

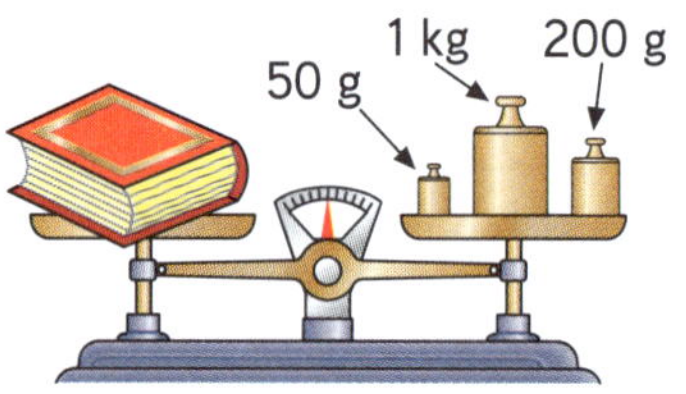

1 kg + 200 g + 50 g = 1 kg 250 g
Le dictionnaire pèse 1 kg 250 g.

Je multiplie par un nombre entier de dizaines.

30, c'est 3 dizaines.
7 × 30 = 7 × 3 dizaines = 21 dizaines
7 × 30 = 210

Je multiplie par un nombre entier de centaines.

300, c'est 3 centaines.
2 × 300 = 2 × 3 centaines = 6 centaines
2 × 300 = 600

Je connais la table de multiplication de 3.

1 × 3	2 × 3	3 × 3	4 × 3	5 × 3	6 × 3	7 × 3	8 × 3	9 × 3	10 × 3
3 × 1	3 × 2	3 × 3	3 × 4	3 × 5	3 × 6	3 × 7	3 × 8	3 × 9	3 × 10
3	6	9	12	15	18	21	24	27	30

Je connais la table de multiplication de 4.

1 × 4	2 × 4	3 × 4	4 × 4	5 × 4	6 × 4	7 × 4	8 × 4	9 × 4	10 × 4
4 × 1	4 × 2	4 × 3	4 × 4	4 × 5	4 × 6	4 × 7	4 × 8	4 × 9	4 × 10
4	8	12	16	20	24	28	32	36	40

131 Je fais le point (9)

SOCLE COMMUN

1 Calcule.

14 × 5 = 10 × 5 + ... × 5

14 × 5 = ... + ...

14 × 5 = ...

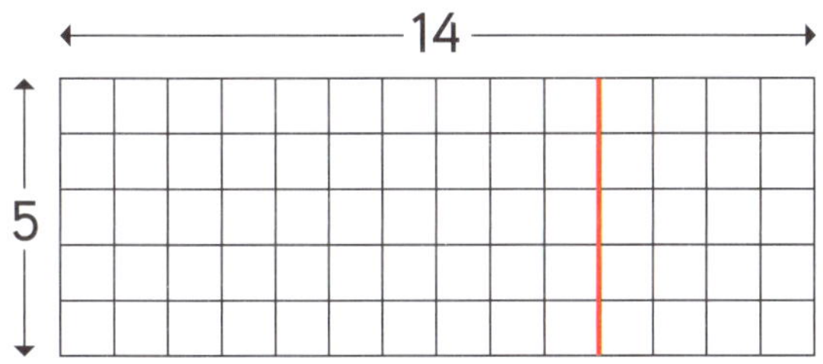

12 × 4 = ... × .... + ... × ......

12 × 4 = ... + ...

12 × 4 = ...

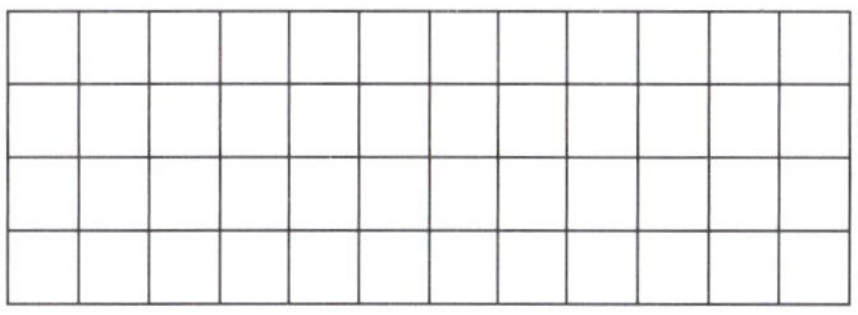

Effectuer une multiplication en utilisant la distributivité.

2 Écris la masse de chaque fruit.

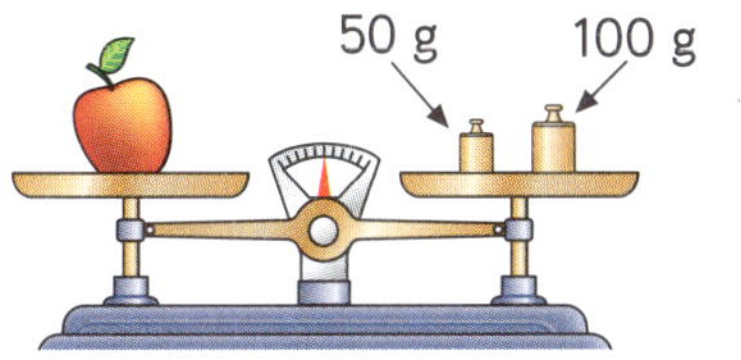

.... g

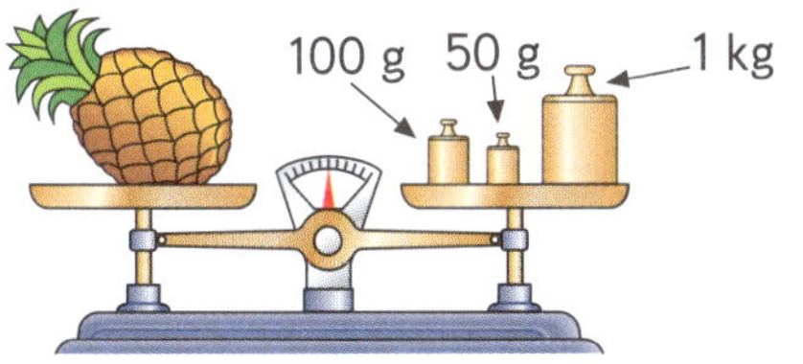

...... kg .... g

Mesurer une masse en g et kg.

3 Utilise le codage pour colorier les fleurs que le papillon butine.

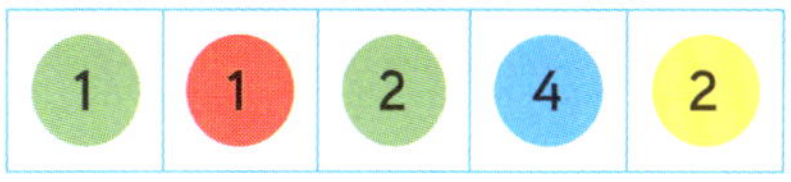

Décoder un déplacement sur les cases d'un quadrillage.

4 Complète.

4 × 3 = ...

7 × 3 = ...

3 × 5 = ...

3 × 9 = ...

5 × 4 = ...

2 × 4 = ...

4 × 6 = ...

4 × 4 = ...

Connaître et utiliser les tables de multiplication de 3 et de 4.

5 Calcule.

4 × 20 = ...

2 × 90 = ...

3 × 300 = ...

4 × 200 = ...

Multiplier par un nombre entier de dizaines ou de centaines.

Photofiche S55

132 La multiplication en ligne

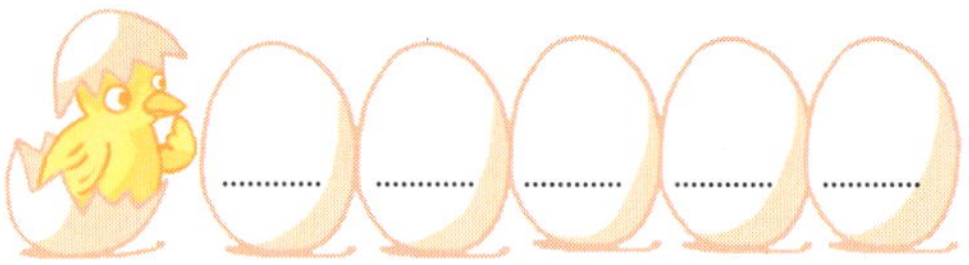

Découvrons ensemble

Théo calcule le nombre de carreaux de la mosaïque.

Observe et **complète**.

Pour calculer 26 × 5, je découpe le rectangle en deux.

En décomposant 26 en 20 + 6, Théo effectue deux calculs plus faciles !

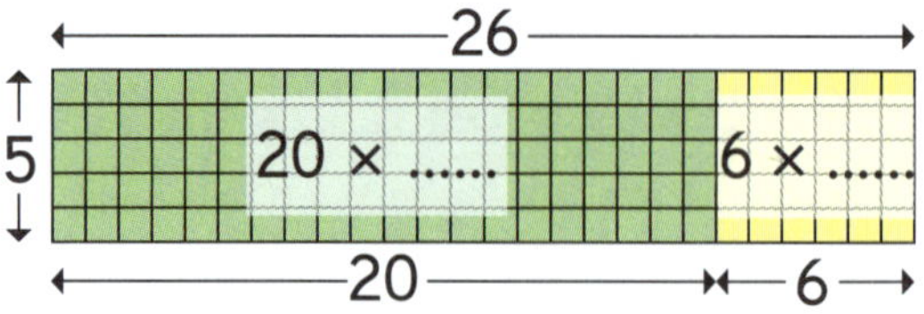

26 × 5 = 20 × ...... + 6 × ......

26 × 5 = ... + ...

26 × 5 = ...

La mosaïque est composée de .... carreaux.

Comme Théo, **calcule** 37 × 4.

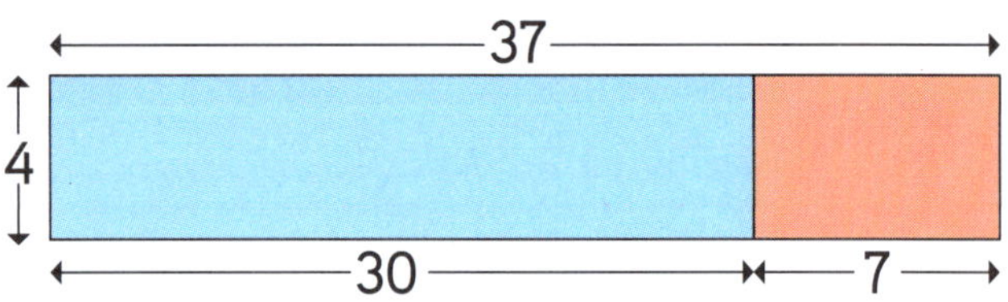

37 × 4 = 30 × ...... + ... × ......

37 × 4 = ... + ...

37 × 4 = ...

Je m'entraîne

1 Calcule.

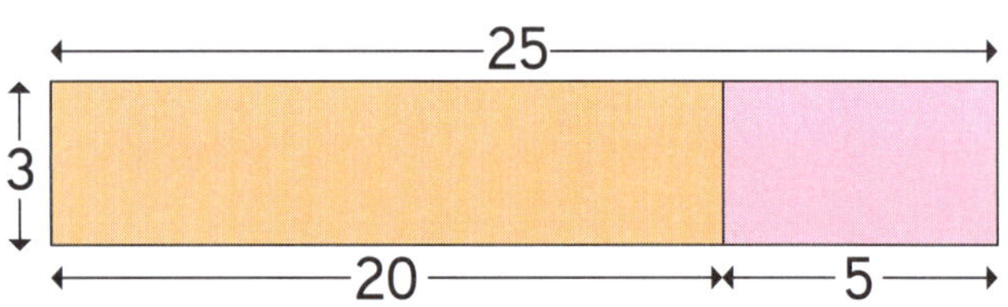

25 × 3 = 20 × ...... + 5 × ......

25 × 3 = ... + ...

25 × 3 = ...

2 Calcule.

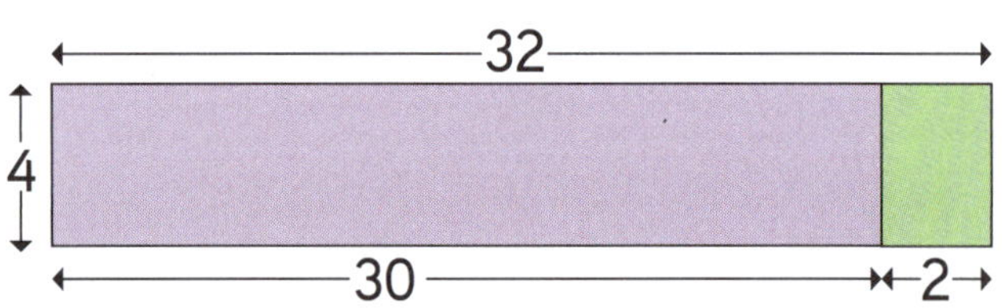

32 × 4 = 30 × ...... + 2 × ......

32 × 4 = ... + ...

32 × 4 = ...

3 Complète cette suite de nombres.

4 → 8 → 12 → 16 → .... → .... → .... → ....

Compétence : Calculer un produit en décomposant un des deux facteurs de façon canonique.

Calcul mental : Table de multiplication de 3. L'enseignant dit : « 5 × 3 » ; l'élève écrit 15.

Photofiche S56

133 La soustraction posée avec retenue

Découvrons ensemble

Théo, Léa et Mélissa calculent 42 – 16. **Complète.**

Je commence par les **unités** : 2 – 6. Je ne peux pas enlever 6 à 2 car 6 est plus grand que 2.

	d	u
	4	2
–	1	6
=	......	......

42 = 4 **d** 2 **u**
Il faut casser une **dizaine** dans 42.
On obtient 3 **d** 12 **u**.

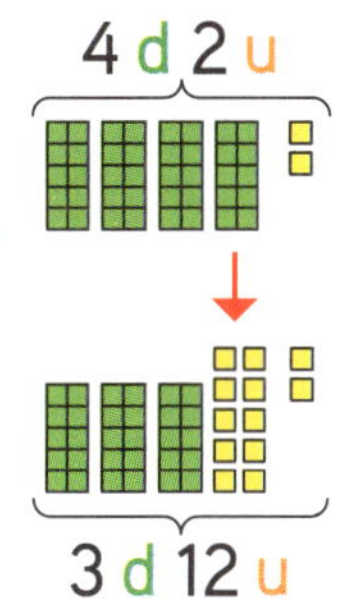

Je peux alors calculer **12 – 6**, puis je soustrais les **dizaines**.

	d	u
	$^{3}\cancel{4}$	$^{1}2$
–	1	6
=	......	......

Je m'entraîne

1 **Calcule.**

	d	u
	$^{3}\cancel{4}$	$^{1}5$
–	2	7
=	......	......

	d	u
	$^{5}\cancel{6}$	$^{1}2$
–	3	4
=	......	......

	d	u
	6	1
–	4	9
=	......	......

	d	u
	3	5
–	1	8
=	......	......

2 **Pose** et **calcule.**

52 – 29

	......	......
–	......	......
	......	......

41 – 26

3 **Problème**

Siméon a 50 €.
Il achète un ballon à 16 €.
Combien d'argent lui reste-t-il ?

Il lui reste .... €.

Le coin du chercheur

En traçant deux segments, partage ce carré en 3 triangles.

4 **Colorie** les étiquettes des heures du soir.

20 h 00 | 10 h 00 | 21 h 30 | 7 h 30

Compétence : Calculer une différence par la soustraction posée avec une retenue.
Calcul mental : Table de multiplication de 4. L'enseignant dit : « 5 × 4 » ; l'élève écrit 20.

Photofiche S57

134 Mesurer des contenances : le litre

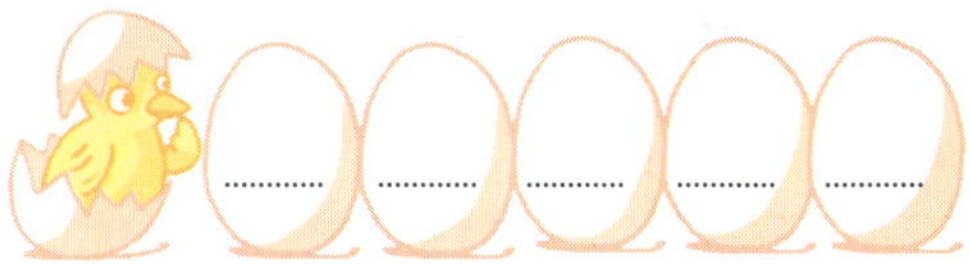

Découvrons ensemble

Mélissa compare les contenances de quatre récipients.

Je note dans un tableau le nombre de verres que je verse pour remplir chaque récipient.

1 litre (1 L), c'est la contenance d'une bouteille de lait ou de jus de fruits.

Récipients	A	B	C	D
Nombre de verres	12	2	8	4

Range ces récipients de la plus grande contenance à la plus petite. ...... ; ...... ; ...... ; ......

La bouteille a une contenance de **1 L**.

Combien de bouteilles de **1 L** faut-il verser pour remplir la casserole ? ......

Quelle est la contenance, en litres, de cette casserole ? ....

Entoure la lettre des récipients qui contiennent plus de **1 L**. A B C D

Je m'entraîne

1 **Entoure** chaque récipient de la couleur de son étiquette.

Moins de 1 L

Environ 1 L

Plus de 1 L

2 Pour remplir une bouteille, je dois verser 6 verres bleus ou 5 verres violets.

Lequel des deux verres a la plus grande contenance ?

Le verre ....

....

3 **Problème**

Lucile remplit sa petite piscine. Elle a déjà versé 10 arrosoirs de 5 L d'eau.

Combien de litres d'eau a-t-elle versés ?

....

Elle a versé ....

Compétences : Comparer des contenances. Introduire le litre.
Calcul mental : Tables de multiplication de 3 et de 4. L'enseignant dit : « 5 × 3 = ... » ; l'élève écrit 15.

Photofiches S58 et A30

135 Estimer un résultat

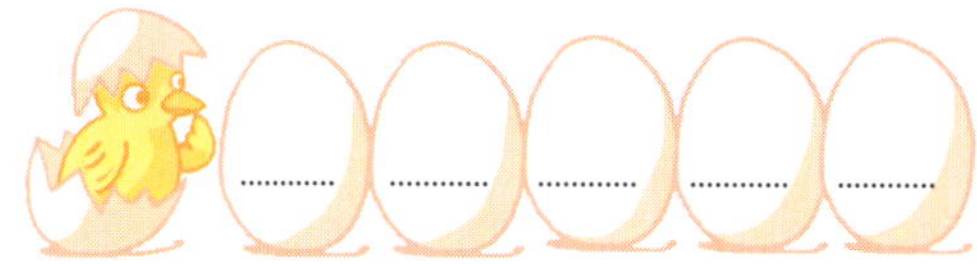

Découvrons ensemble

Théo et Léa veulent savoir si, ensemble, ils ont plus de 100 billes.
Relie approximativement leur nombre de billes à la droite graduée.

0 5 10 15 20 25 30 35 40 45 50 55 60 65 70 75 80 85 90 95 100

Entoure en vert la dizaine la plus proche de 34 et en bleu la dizaine la plus proche de 58.

Complète. *Ensemble, les enfants ont environ ...... billes + ... billes = ... billes.*

Coche. *Ensemble, ils ont :* ☐ *plus de 100 billes* ☐ *moins de 100 billes*

Je m'entraîne

1 **Relie** chaque nombre à la droite graduée, puis **entoure** la dizaine la plus proche.

19	43	87
10 15 20	40 45 50	80 85 90

2 **Entoure** l'enfant qui a raison.

Ce DVD vaut environ 10 €.

Non, il coûte environ 20 €.

3 **Problème**

Mélissa désire acheter ces deux livres.
Elle possède 70 €.
A-t-elle assez d'argent ?

Tu peux utiliser la droite graduée du Découvrons ensemble.

Complète.

La dizaine la plus proche de 18 est ....

La dizaine la plus proche de 31 est ....

Mélissa doit payer environ

.... € + ... € = ... €.

Coche. Elle a assez d'argent. ☐ *oui* ☐ *non*

Le coin du chercheur

Je suis le double de la moitié de 20. Qui suis-je ?

Je suis le nombre ....

Compétence : Arrondir un nombre à la dizaine la plus proche pour estimer l'ordre de grandeur d'un résultat.
Calcul mental : Moitiés de dizaines. L'enseignant dit : « moitié de 8 », puis écrit moitié de 80 ; l'élève dit : « 4 », puis écrit 40.

Photofiche S59

136 Décoder et coder un déplacement (2)

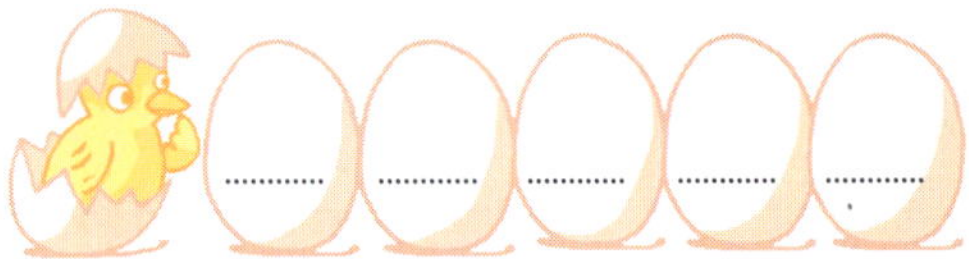

Découvrons ensemble

Trace le chemin suivi par le bateau d'après le codage.
Au bout du chemin se trouve l'île au trésor. **Entoure**-la.

Tu te déplaces de point en point sur les lignes du quadrillage.

2	3	2	3	3	2	1	2

Je m'entraîne

1 **Continue** le codage du déplacement du bateau jusqu'à l'île au trésor.

3	2	......	......	......	......	......

Colorie chaque rond, de la bonne couleur, puis écris le nombre de cases correspondant au déplacement.

Compétences : Décoder et coder un déplacement en utilisant les nœuds du quadrillage.
Calcul mental : Tables de multiplication de 3 et de 4. L'enseignant dit : « 6 × 3 » ; l'élève écrit 18.

137 Interpréter un graphique

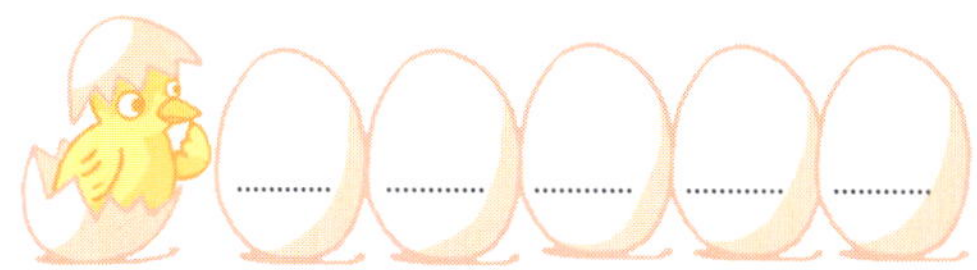

Découvrons ensemble

Observe le graphique de Mélissa et **réponds** aux questions.

- Dans quelle classe les filles sont-elles moins nombreuses que les garçons ? ....
- En CE1 :
  - Quel est le nombre de filles ? ....
  - Quel est le nombre de garçons ? ....
  - Quel est le nombre d'élèves ? ....

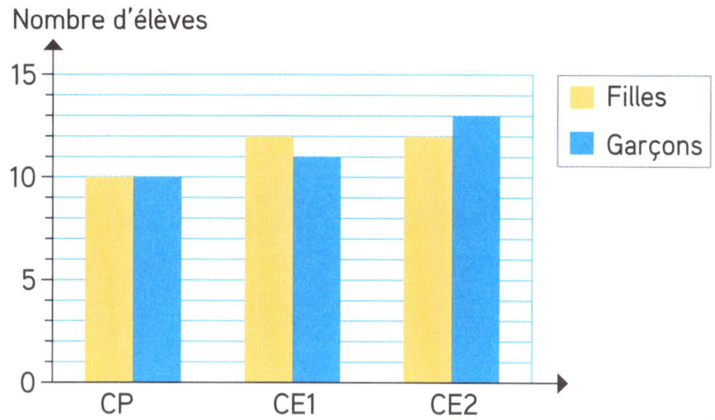

Je m'entraîne

1 **Observe** ce graphique. Il montre les moyens de transport qu'utilisent les élèves de CE1 pour aller à l'école.

- Combien d'élèves vont à l'école :

– à pied ? ....   – en voiture ? ....

- 5 élèves utilisent le même moyen de transport. Lequel ?

....

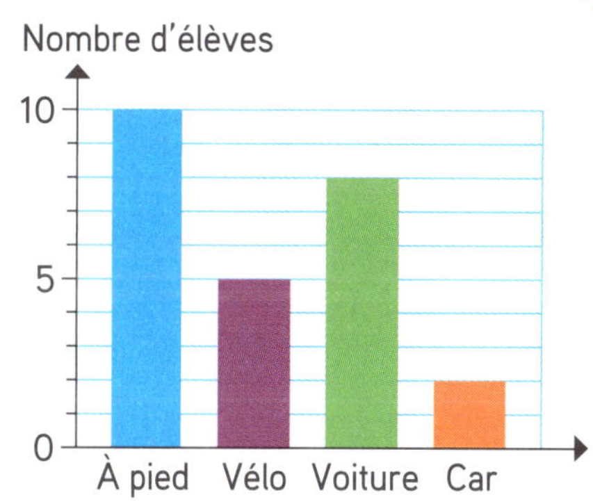

2 Ce graphique présente le loisir préféré des élèves de CE1.

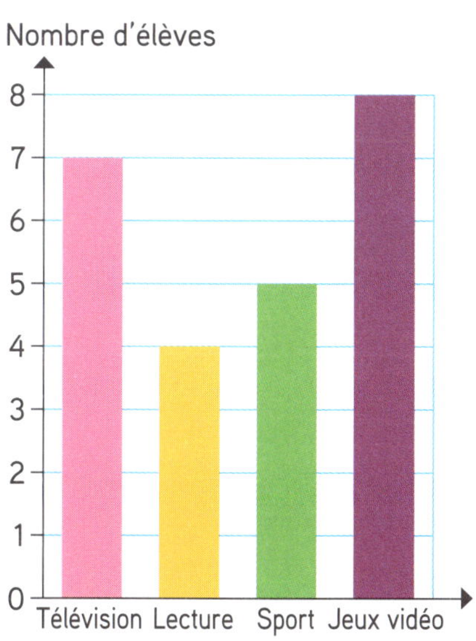

- Quel loisir préfèrent la majorité des élèves ? ....
- Combien d'élèves préfèrent la lecture ? ....
- La télévision est-elle préférée au sport ?

☐ oui   ☐ non

- Quel est le nombre d'élèves de CE1 ? ....

Le coin du chercheur

Le carré est partagé en 3 régions. Trace un troisième segment qui le partage en 6 régions.

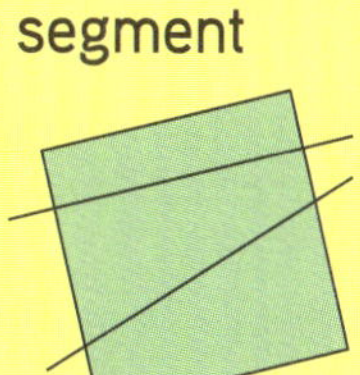

Compétences : Lire et interpréter un graphique.
Calcul mental : Ajouter un multiple de dix. L'enseignant écrit 528 + 20 ; l'élève écrit 548.

138 Tracer des cercles

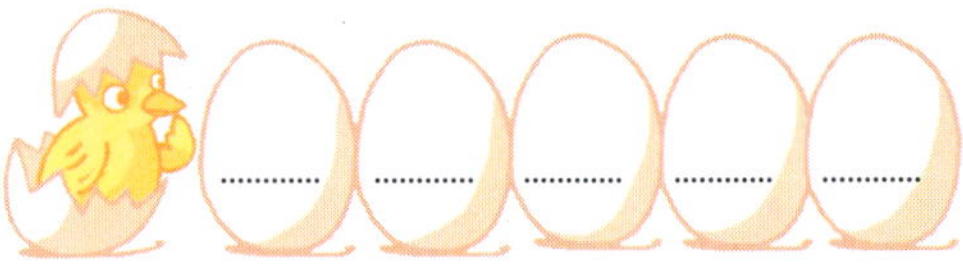

Découvrons ensemble

Colorie chaque cerceau de la couleur de son gabarit. (MATÉRIEL H)

Place la pointe du compas sur le point rouge et la mine du compas sur le point vert. **Trace** ce cercle.

Place la pointe du compas sur le point bleu et **trace** un petit cercle à l'intérieur du grand cercle.

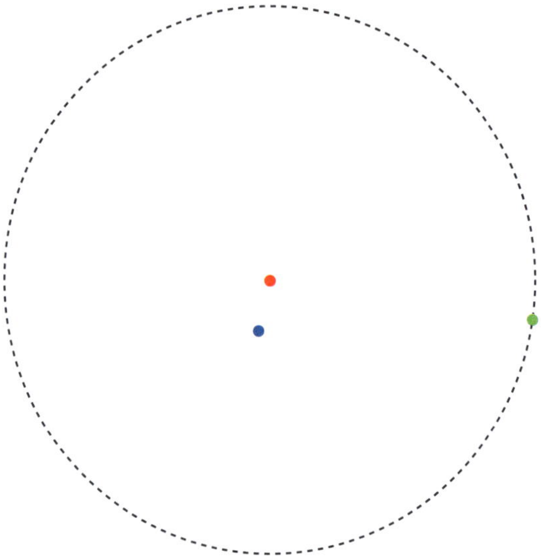

Je m'entraîne

1 **Utilise** les gabarits creux de la page matériel pour tracer deux cercles qui se coupent. (MATÉRIEL H)

2 Théo a effacé une partie de cette couronne.
Répare-la en utilisant ton compas, puis **termine** son coloriage.

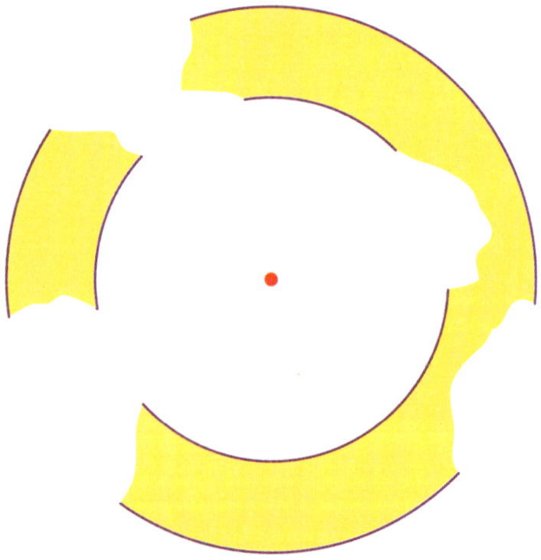

Compétences : Reconnaître des cercles en fonction de leur rayon. Tracer des cercles.
Calcul mental : Trouver la dizaine la plus proche. L'enseignant dit : « Quelle est la dizaine la plus proche de 28 ? » ; l'élève écrit 30.

Photofiche P14

139 Problèmes : Utiliser la décomposition des nombres (2)

....

1 Marion a représenté le nombre de perles qu'elle possède.
Combien de perles possède-t-elle ?

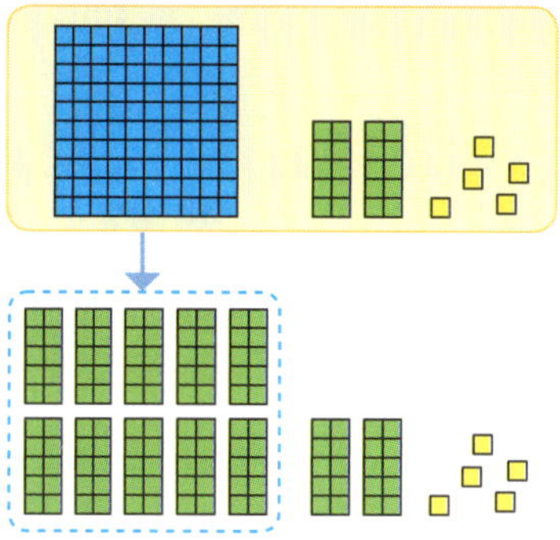

Marion possède .... *perles.*

Elle range ses perles dans des sachets.
Chaque sachet peut contenir 10 perles.
Combien de sachets seront complets ?

Pour savoir combien de sachets seront complets, il faut échanger la centaine en 10 dizaines.

.... = 1 centaine + 2 dizaines + 5 unités

.... = ... dizaines + 5 unités

.... *sachets seront complets. Il restera* ...... *perles.*

2 Emmanuel range 210 petites voitures dans des boîtes.
Chaque boîte peut contenir 10 voitures.
Combien de boîtes seront complètes ?

210 = ... centaines + ... dizaine

210 = ... dizaines + ... dizaine = ... dizaines

.... *boîtes seront complètes.*

3 Kate range 900 trombones dans des boîtes.
Chaque boîte peut contenir 100 trombones.
Combien de boîtes seront complètes ?

900 = ... centaines

.... *boîtes seront complètes.*

Compétence : Résoudre un problème en s'appuyant sur la connaissance des unités de numération et leurs relations.
Calcul mental : Moitié d'une dizaine « paire ». L'enseignant dit : « moitié de 4 », puis écrit moitié de 40 ; l'élève dit : « 2 », puis écrit 20.

Photofiche P15

140

Problèmes : Situations additives, soustractives, multiplicatives ou de division

1 Margot possède 50 billes.
Suzie en a 18 de moins.
Combien de billes Suzie possède-t-elle ?

.... = ...

Suzie possède ....

2 Pour l'été, Naomi achète cette table, cette chaise et ce parasol.
Combien Naomi va-t-elle payer ?

.... = ...

Naomi va payer ....

3 Un berger a un troupeau de 25 brebis.
Il donne à chacune 3 kg de foin par jour.
Combien de kg de foin lui faut-il par jour ?

.... = ...

Il lui faut ....

4 Paola, Charles et Yacine se partagent un paquet de 18 biscuits.
Combien de biscuits chaque enfant aura-t-il ?

.... = ...

Chaque enfant aura ....

Compétences : Identifier et résoudre des situations additives, soustractives, multiplicatives ou de partage.
Calcul mental : Calculer la moitié d'un multiple de 10. L'enseignant dit : « Quelle est la moitié de 30 ? » ; l'élève écrit 15.

141 Maths Aventures [5]

Randonnée en montagne

Quand ta réponse est correcte, colorie le piolet.

1 Le sac à dos vide de Jules pèse 1 kg.
Il ajoute : une tente de 2 kg, un piolet de 400 g et 1 kg 500 g de nourriture.
Combien pèse son sac ?

Son sac pèse .... kg .... g.

2 Jules regarde un troupeau de 30 vaches.
La moitié des vaches sont tachetées.
Combien de vaches sont tachetées ?

moitié de ...... = ...

...... vaches sont tachetées.

3 **Calcule** la distance entre le lac et le sommet de la montagne.

.... km .... m

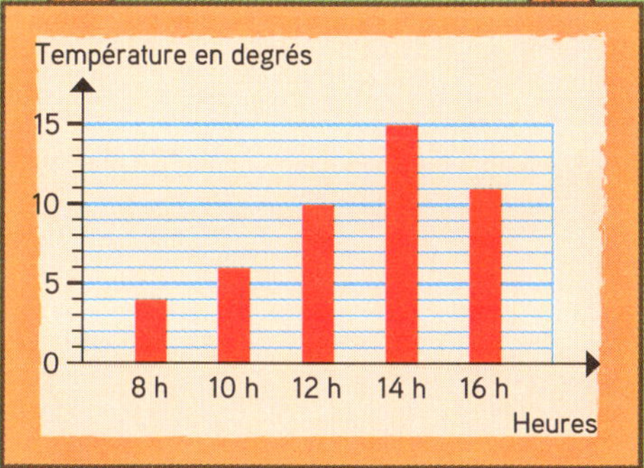

4 • Quelle était la température à 12 h ? *......... degrés*

• À quelle heure faisait-il 6 degrés ? *......... heures*

5 La marmotte pèse environ 5 kg.
Le bouquetin pèse autant que 7 marmottes.
Combien pèse le bouquetin ?

.... = ...

Le bouquetin pèse environ .... kg.

Si tu as colorié 4 ou 5 piolets, colorie la médaille d'or ; 2 ou 3 piolets, colorie la médaille d'argent ; sinon, colorie la médaille de bronze.

142 J'ai compris et je retiens (10)

Cette page t'aide à retenir ce qui est essentiel.

Je calcule une multiplication en ligne.

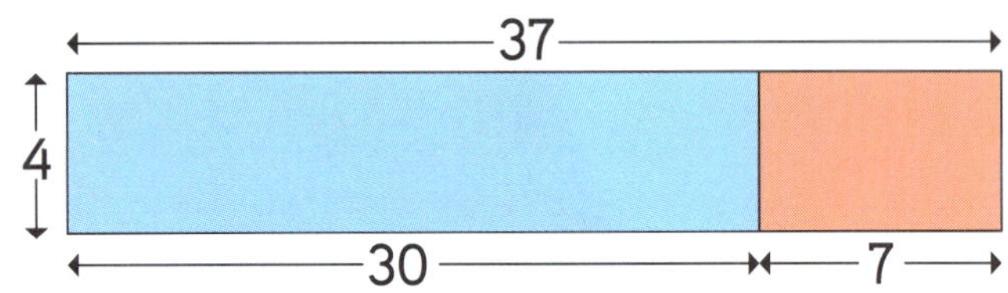

$37 \times 4 = 30 \times 4 + 7 \times 4$

$37 \times 4 = 120 + 28$

$37 \times 4 = 148$

Je pose et j'effectue une soustraction.

Je calcule 42 – 28.

	d	u
	~~4~~ (3)	(1)2
–	2	8
=	1	4

Je vérifie en effectuant une addition.

	d	u
	2	8
+	1	4
=	4	2

J'utilise la décomposition des nombres pour résoudre un problème.

Théo range 45 petites voitures dans des boîtes de 10.

Combien de boîtes seront complètes ?

45 = 4 dizaines + 5 unités

Théo remplira complètement 4 boîtes.

Je connais le litre comme unité de contenance.

→ contenance 1 litre (1 L)

→ contenance inférieure à 1 L

→ contenance supérieure à 1 L

J'arrondis un nombre à la dizaine la plus proche.

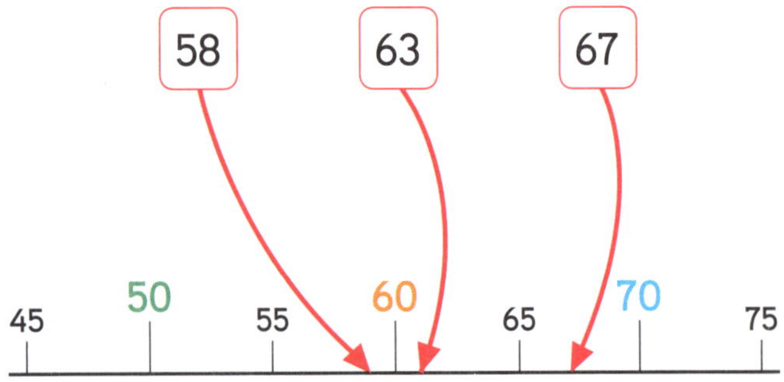

Ces nombres sont arrondis à la dizaine la plus proche :

58 → 60

63 → 60

67 → 70

Je lis un graphique.

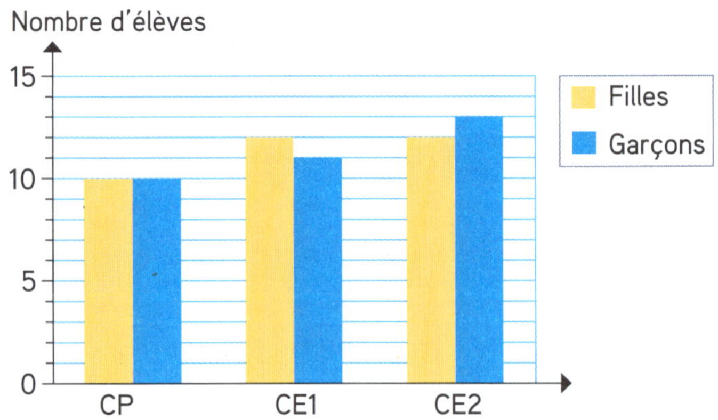

Il y a moins de filles que de garçons au CE2.

Il y a 12 filles au CE1.

143 Je fais le point (10)

SOCLE COMMUN

1 Calcule.

48 × 5 = ... × 5 + ...

48 × 5 = ... + ...

48 × 5 = ...

53 × 4 = ... × 4 + ...

53 × 4 = ... + ...

53 × 4 = ...

Effectuer une multiplication en ligne.

2 Dessine le chemin de la coccinelle jusqu'à la rose.

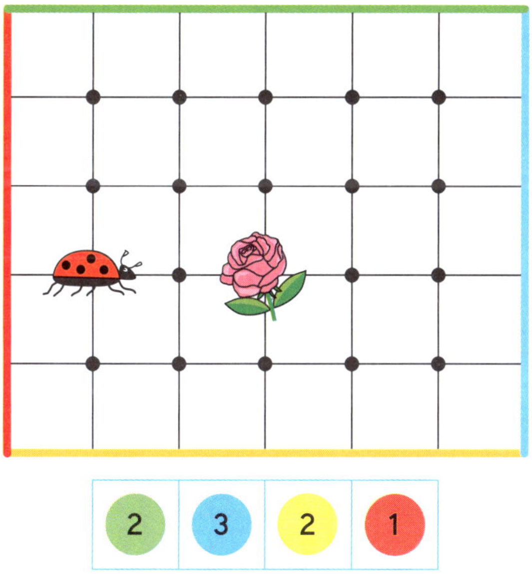

Décoder un déplacement sur les nœuds d'un quadrillage.

4 Effectue chacune de ces soustractions.

	6	8
−	4	2
	...	...

	5	3
−	2	8
	...	...

Effectuer une soustraction entre 2 nombres de 2 chiffres avec ou sans retenue.

5 Le graphique indique les sports pratiqués par les élèves de CE1.

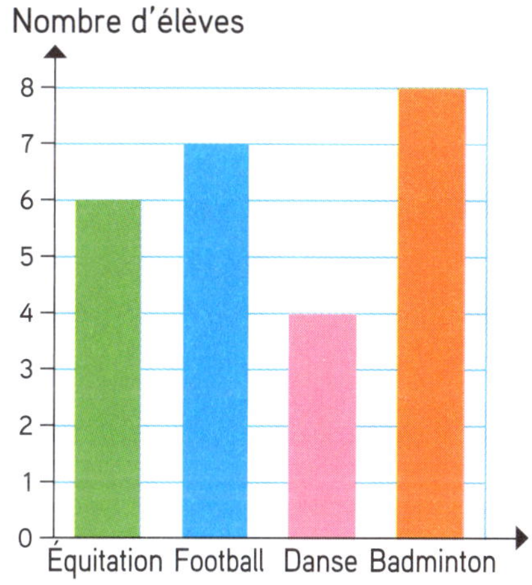

Quel est le sport le plus pratiqué ?

....

Combien d'élèves pratiquent le football ?

....

Lire et interpréter un graphique en bâtons.

3 Arrondis ces nombres à la dizaine la plus proche.

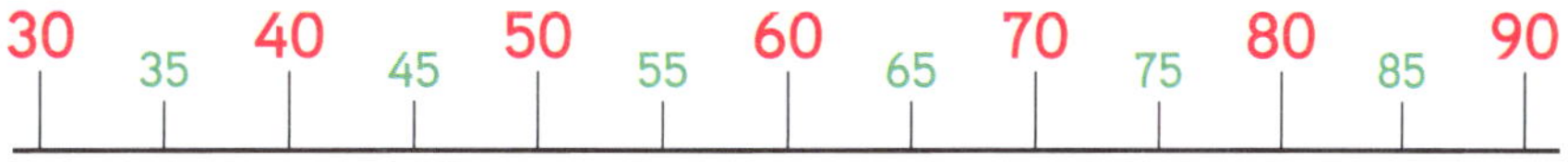

47 → ....   61 → ....   58 → ....   73 → ....

Arrondir un nombre à la dizaine la plus proche.

Création de la maquette de couverture : Pierre PATRAULT

Exécution de la maquette de couverture : Médiamax

Illustration de la couverture : Alain BOYER

Création de la maquette intérieure : Pierre PATRAULT (toutes les pages sauf « J'ai compris et je retiens »), Florence LE MAUX (page « J'ai compris et je retiens »)

Mise en pages : Médiamax

Illustrations intérieures : Manon PAUMARD (toutes les illustrations sauf Mathix et Rainette), Claire DELVAUX (illustrations de Mathix et Rainette)

Dessins techniques : Gilles POING

Fabrication : Marine WIPLIER, Marc CHALMIN

Édition : Pauline GABEREL, Julie BERTHET-AMARA

ISBN : 978-2-01-238771-3

www.hachette-education.com

Achevé d'imprimer en Italie par Stige
Dépôt légal : Mars 2017 - Collection n° 85 - Édition 02
22/9039/8

Pages 15, 43, 50 et 57

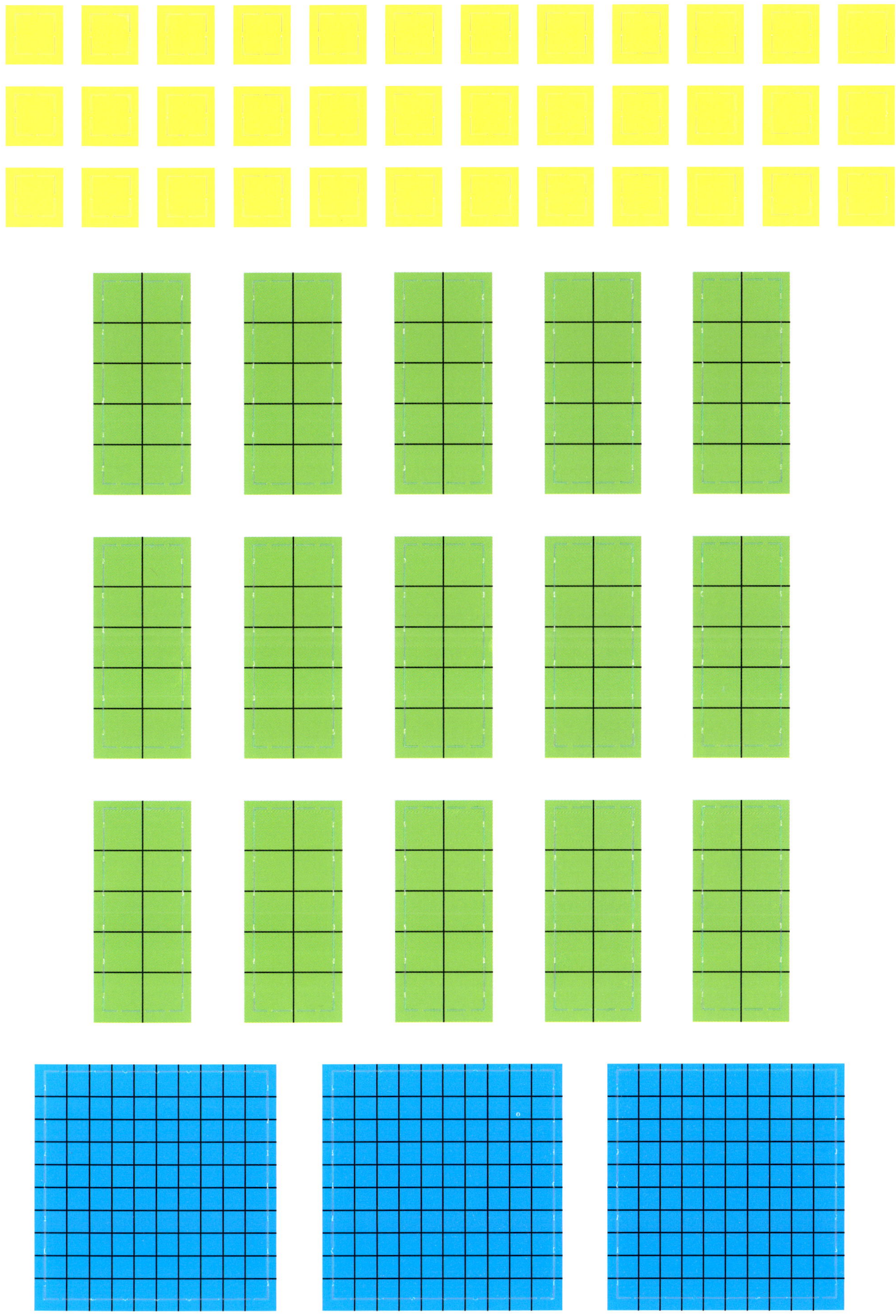

Page 45

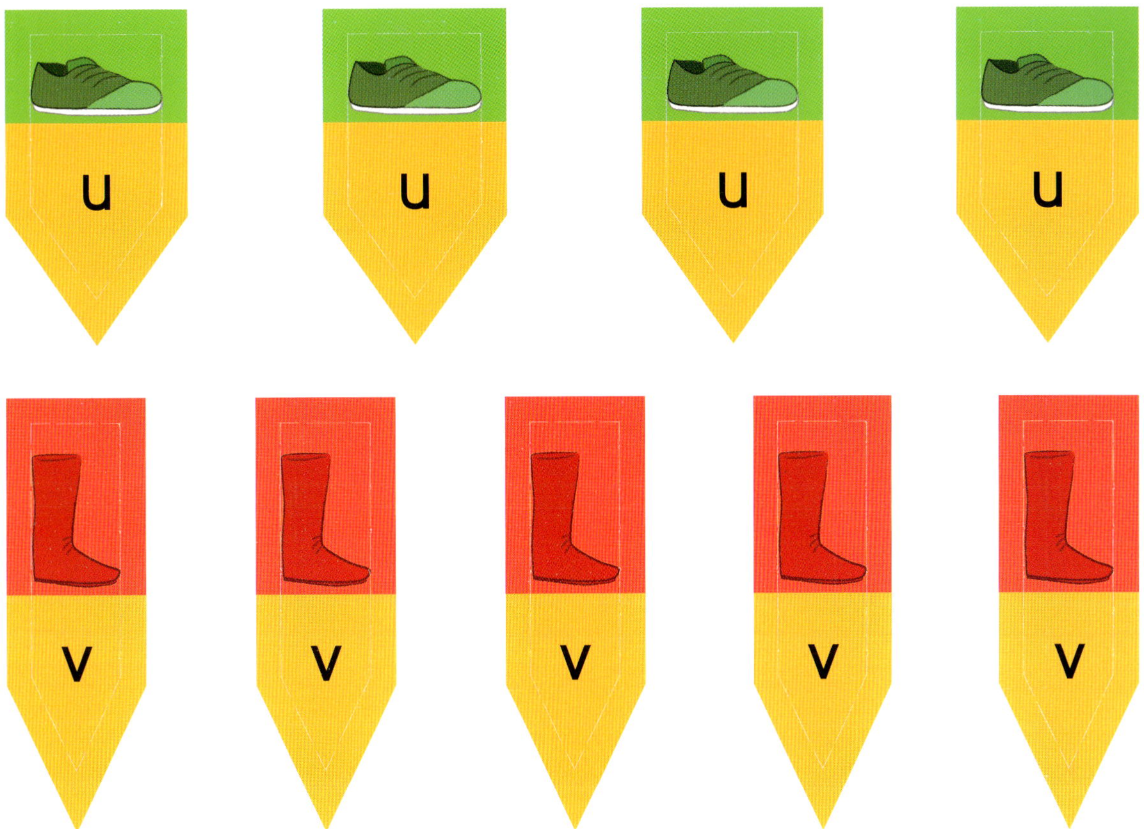

Pages 56 et 63

Page 80

u
u
u
u

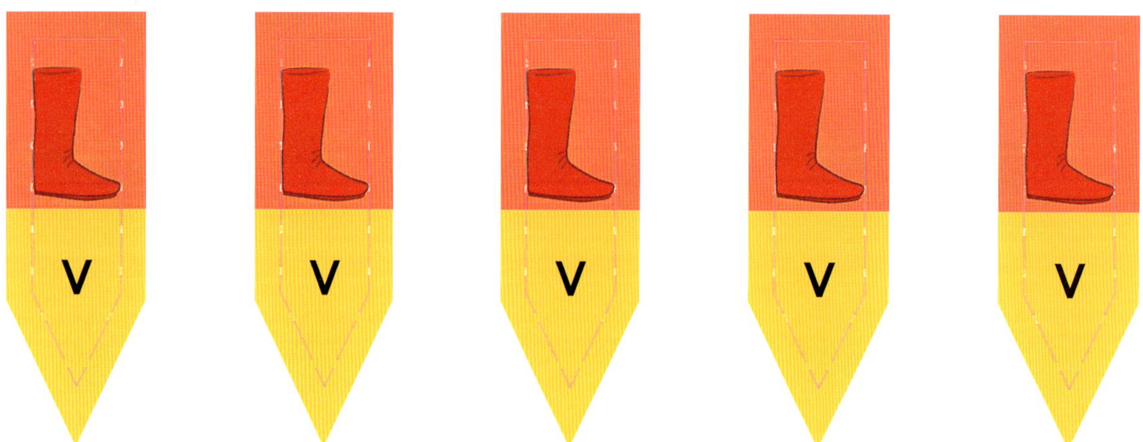
v
v
v
v
v

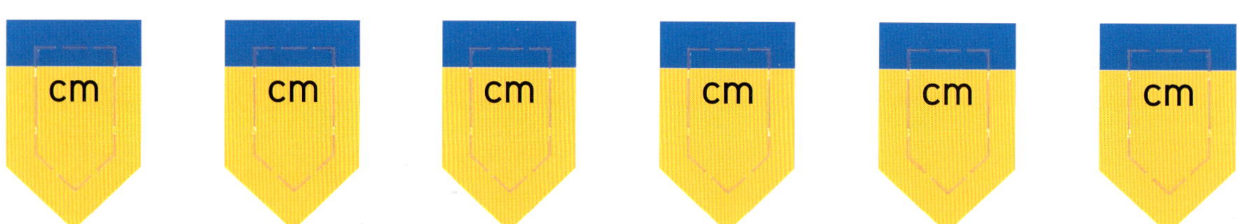
cm
cm
cm
cm
cm
cm

0 1 2 3 4 5 6 7 8 9 10 11 12 13 14 15

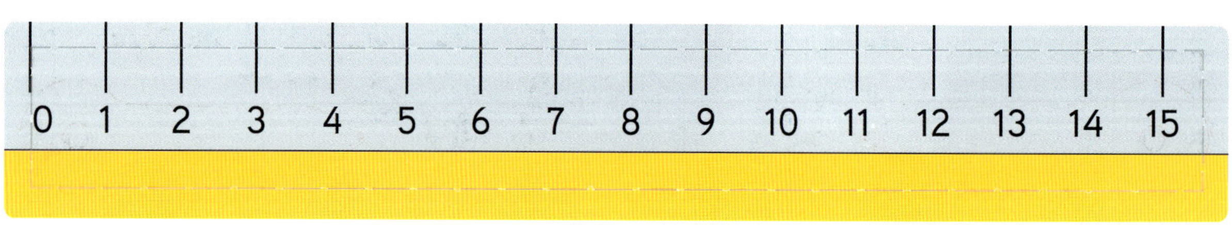
0 1 2 3 4 5 6 7 8 9 10 11 12 13 14 15

Pages 78 et 81

Le montage des aiguilles
peut se faire avec
une attache parisienne.

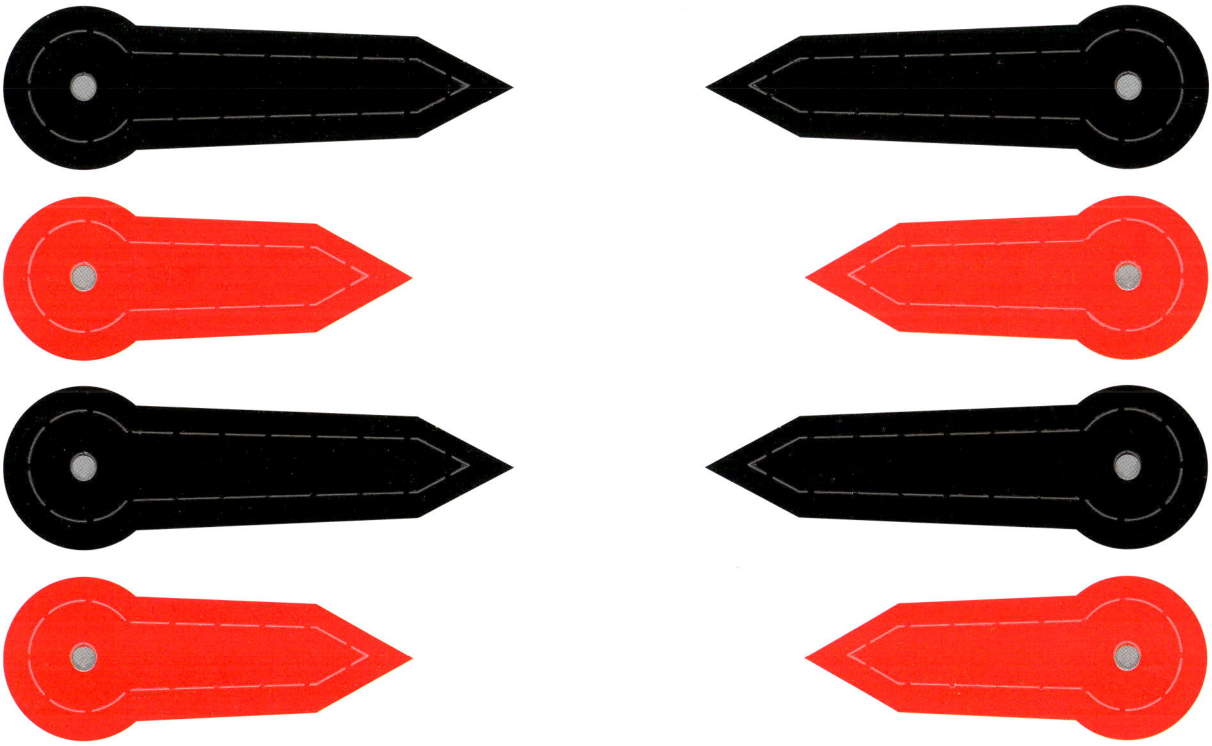

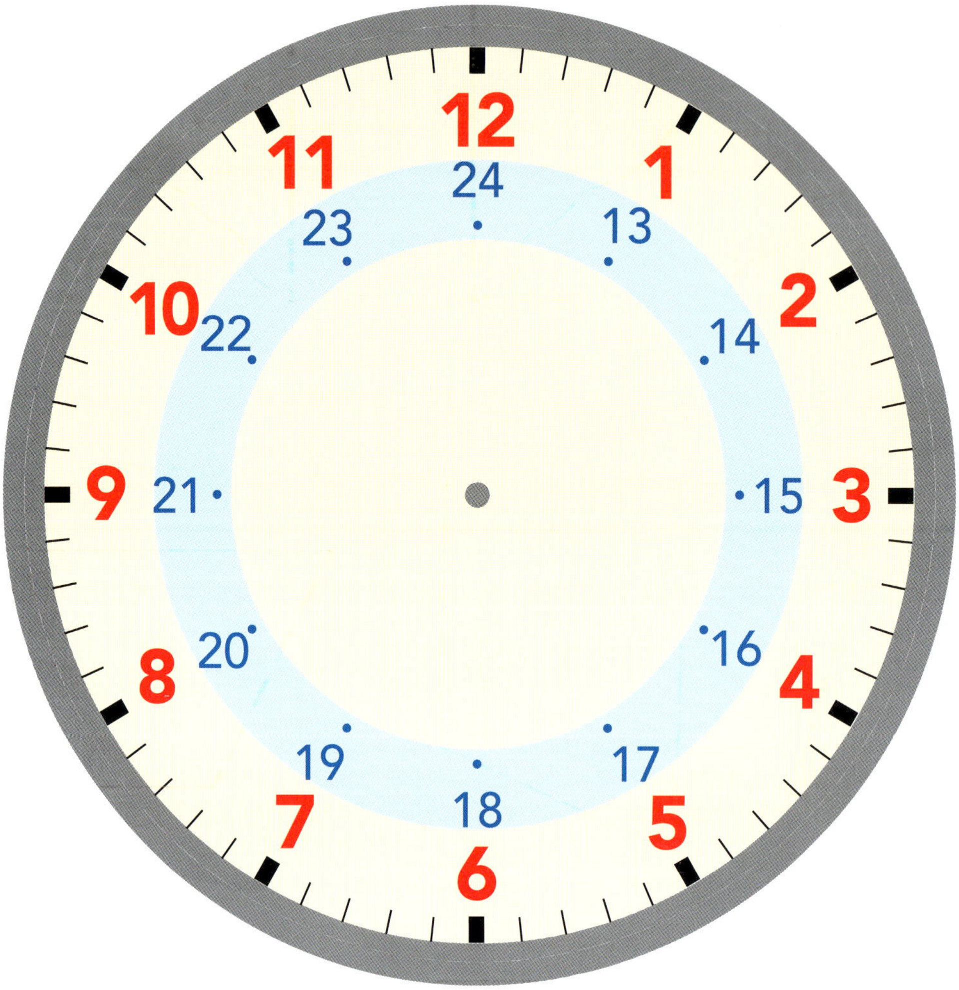
12
1
2
3
4
5
6
7
8
9
10
11
24
13
14
15
16
17
18
19
20
21
22
23

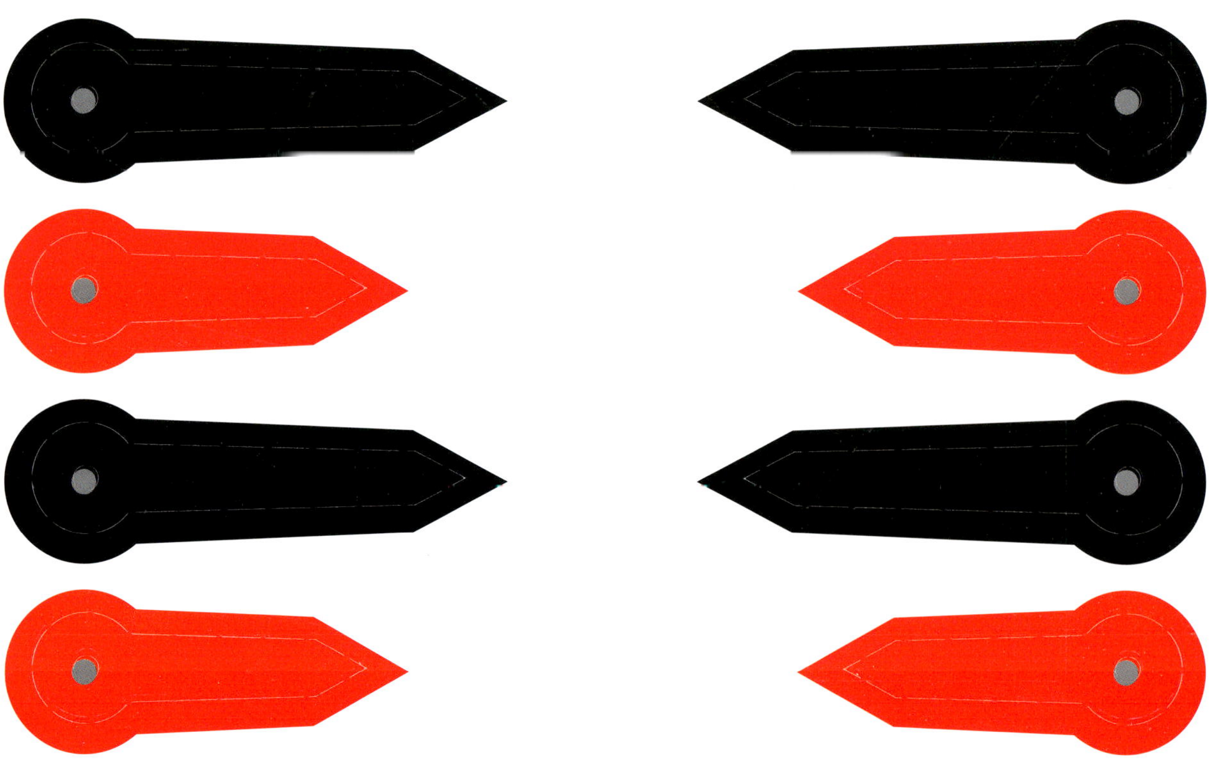

Pages 63, 68, 69 et 73

Page 92

A

B

C

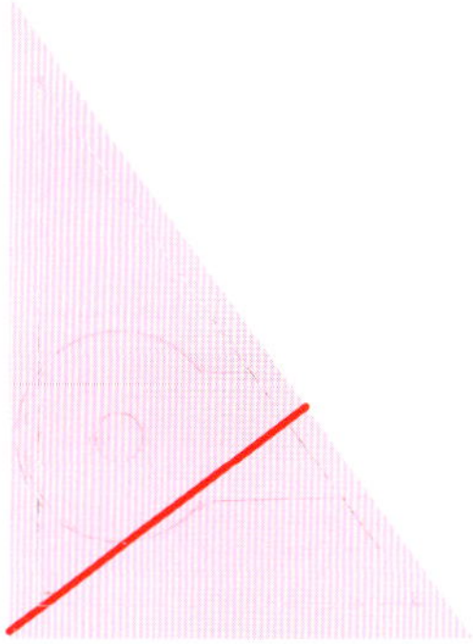

D

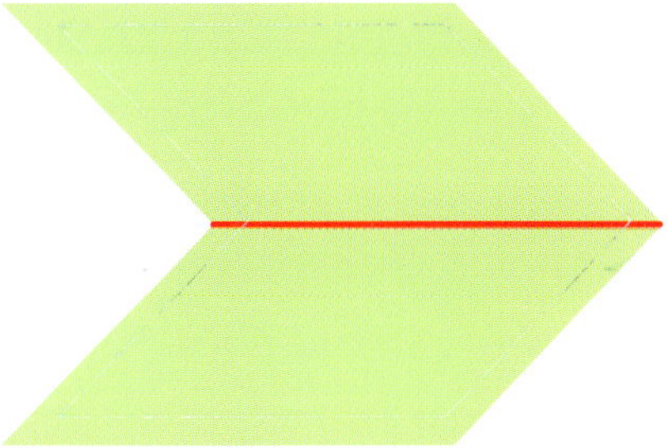

E

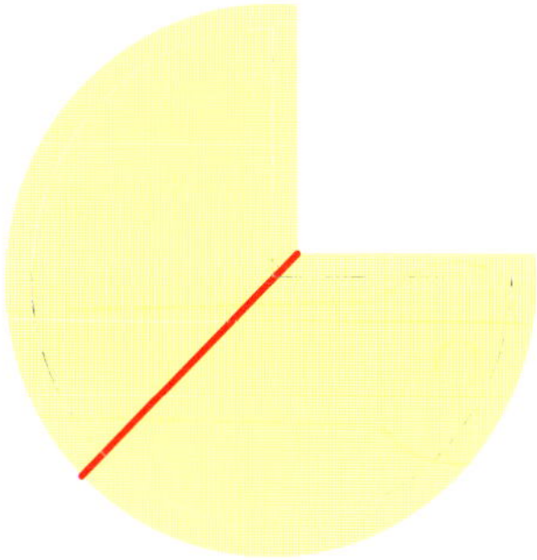

F

G

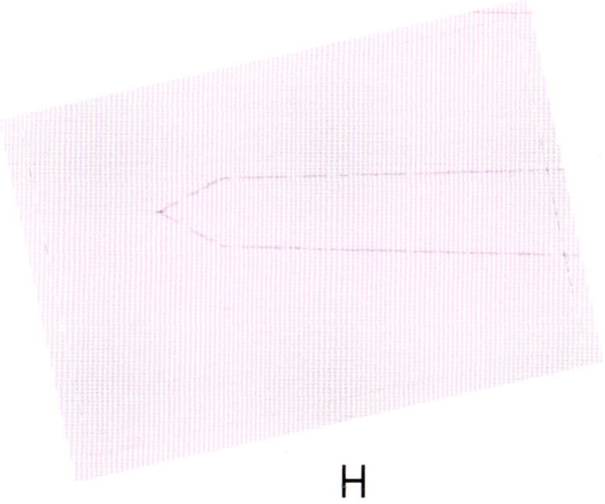

H

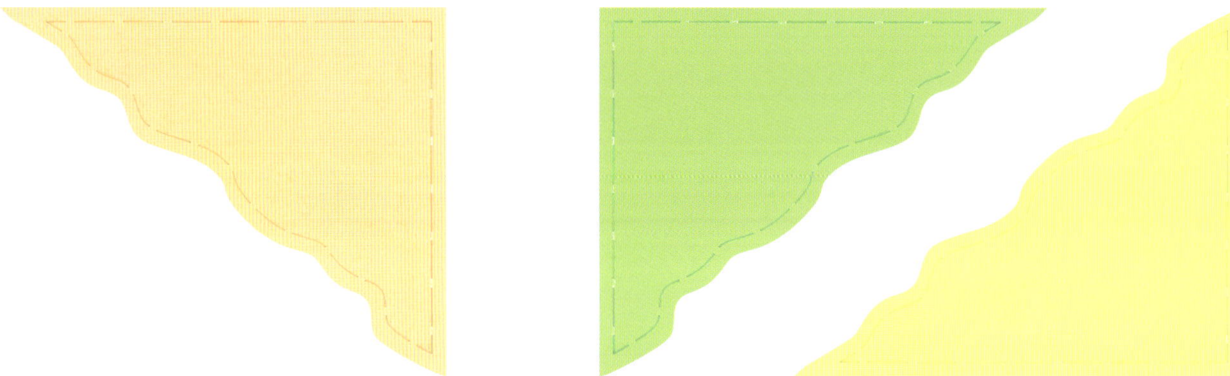

C

B

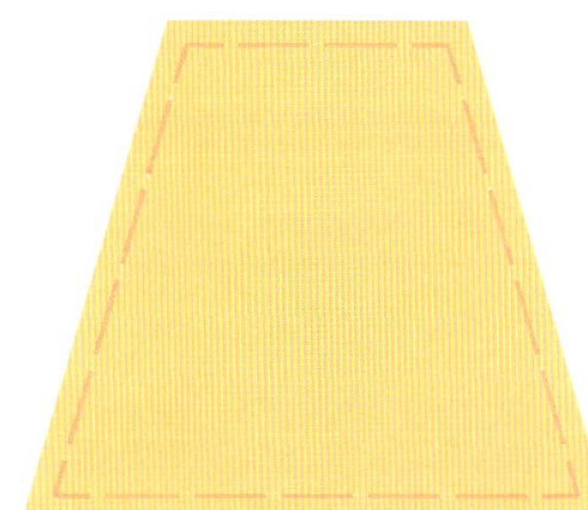

A

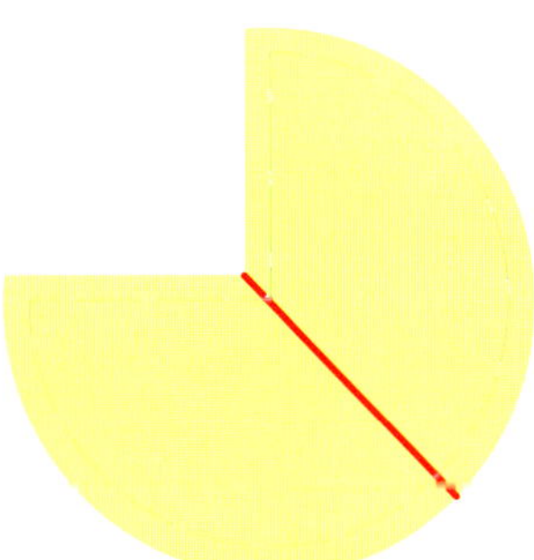

F

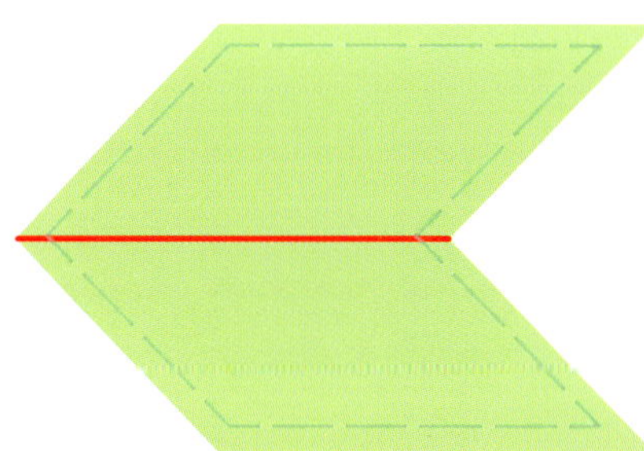

E

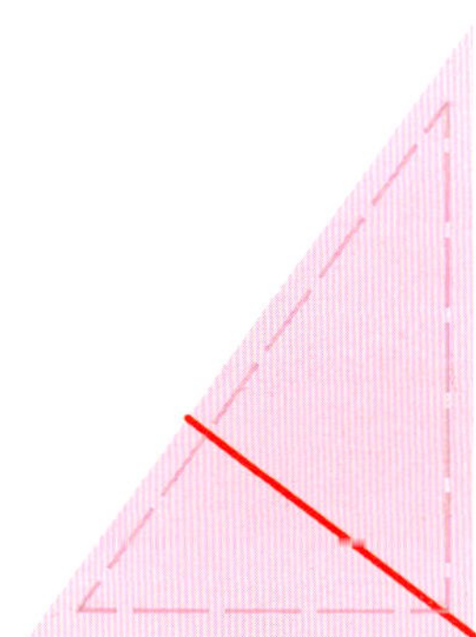

D

H

G

Pages 85 et 87

Pages 85 et 87

10
EURO
EYPΩ

UB0061605155
605155
5
EURO
EYPΩ

10
EURO
EYPΩ

UB0061605155
605155
5
EURO
EYPΩ

10
EURO
EYPΩ

UE9 J4 93316
093316
20
EURO

100
012345678900
100
100
100

UE9 J4 93316
093316
20
EURO

200
200
200
200

50
12345678900
50
50
50

500
500
500
500

50
12345678900
50
50
50

Page 94

Page 99

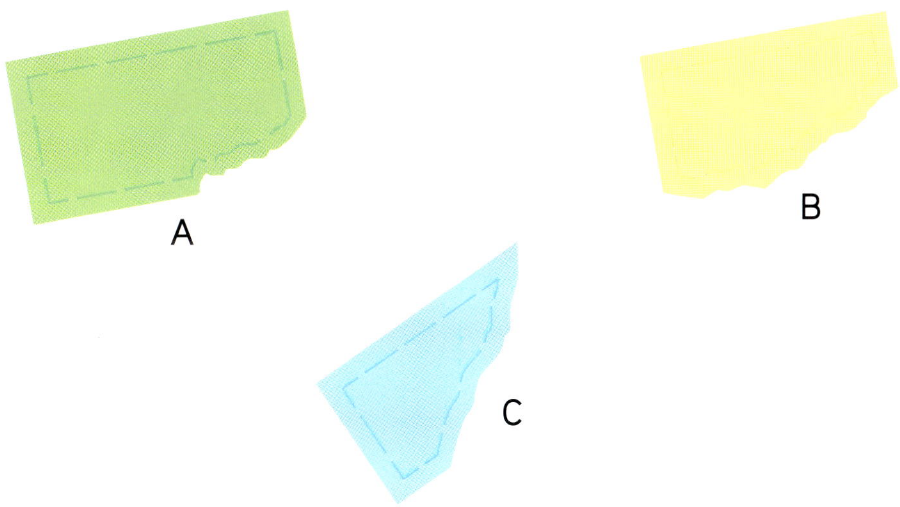

Page 105

Page 114

Page 114

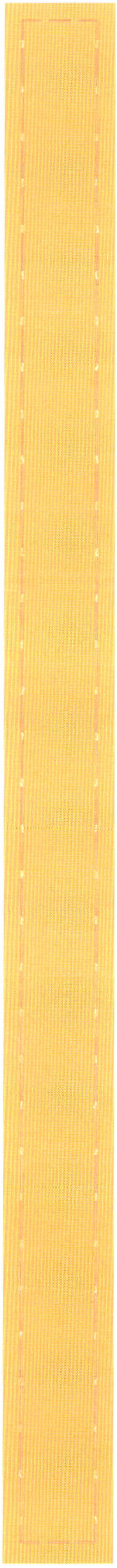

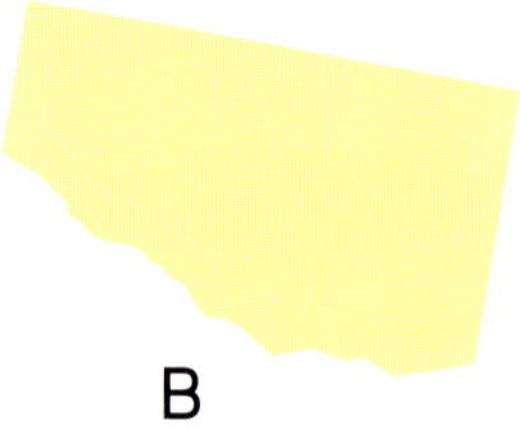

B

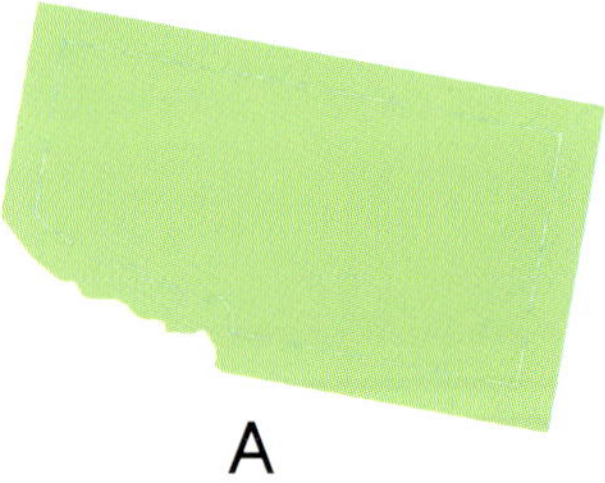

A

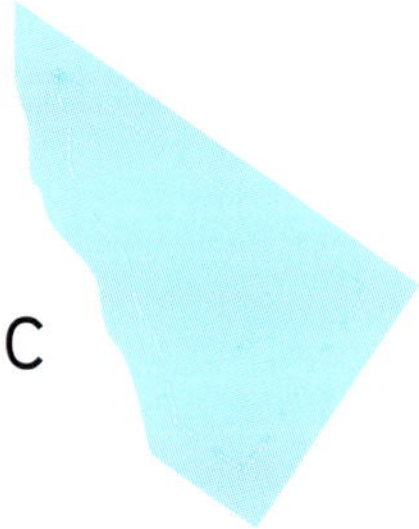

C

Page 138